高等院校计算机专业系列规划教材

C语言程序设计

主　编　赵　钢

副主编　李永峰　周　挺　戴庆光

四川大学出版社

·成都·

特约编辑:但建波
责任编辑:廖庆扬
责任校对:方若男
封面设计:原谋设计工作室
责任印制:王 炜

图书在版编目(CIP)数据

C 语言程序设计 / 赵钢主编. —成都:四川大学出
版社,2011.9(2020.8 重印)
ISBN 978-7-5614-5496-1

Ⅰ.①C… Ⅱ.①赵… Ⅲ.①C 语言-程序设计-高等
学校-教材 Ⅳ.①TP312

中国版本图书馆 CIP 数据核字(2011)第 191700 号

书 名	C 语言程序设计
主 编	赵 钢
出 版	四川大学出版社
地 址	成都市一环路南一段 24 号 (610065)
发 行	四川大学出版社
书 号	ISBN 978-7-5614-5496-1
印 刷	四川永先数码印刷有限公司
成品尺寸	185 mm×260 mm
印 张	14.75
字 数	335 千字
版 次	2011 年 8 月第 1 版
印 次	2020 年 8 月第 3 次印刷
定 价	40.00 元

◆读者邮购本书,请与本社发行科联系。
电话:(028)85408408/(028)85401670/
(028)85408023 邮政编码:610065
◆本社图书如有印装质量问题,请
寄回出版社调换。
◆网址:http://press.scu.edu.cn

内容简介

C 语言是现代最流行的通用程序设计语言之一,它的简洁、紧凑、灵活、实用、高效、可移植性好等优点深受广大用户欢迎。C 语言的数据类型丰富,既具有高级程序设计语言的优点,又具有低级程序设计语言的特点;既可以用来编写系统软件,又可以编写应用程序。因此,C 语言被广泛地应用在各种软件编写中。

本书是为高等院校程序设计课程编写的教材。主要内容包括:C 语言概述;数据类型、运算符与表达式;顺序结构程序设计;选择结构程序设计;循环结构程序设计;数组;函数;编译预处理;指针;结构体与共用体;位运算;文件和附录。并且配套《C 语言程序设计习题与指导》有对应章节的实验内容和课后习题供读者自主学习和方便教师布置、评阅学生作业。

本教材在结构上本着以程序设计为中心,以语言知识为工具对 C 语言的语法规则进行了整理和提炼,深入浅出地介绍了 C 语言在程序设计中的应用;在内容上注重知识的完整性,以满足初学者的需求;在写法上遵循循序渐进的原则,实例讲解,通俗易懂。本书可作为各专业学生学习 C 语言程序设计的教材。

 前言

　　C语言是目前较好的学习程序设计的语言,C程序设计课程是程序设计的重要基础课,是培养学生程序设计能力的重要课程之一。因此,学好C语言程序设计课程,对掌握基本编程方法、培养基本编程素质具有重要意义。

　　本书总结了作者多年的教学经验和以往各类C语言程序设计教材的优点,针对高职高专层次的学生,采用"以用促学"的编写原则,即通过编写实际应用程序来学习C语言抽象的标准和规则。不仅在内容上强调逻辑性,更注重介绍学习方法,使学生能根据例题举一反三。本书结构新颖、实例丰富,强调语言的规范和程序设计的方法与技巧,注重培养学生程序设计的思维方式和提高学生程序开发的能力。本书共十二章:第1章C语言概述,第2章数据类型、运算符与表达式,第3章顺序结构程序设计,第4章选择结构程序设计,第5章循环结构程序设计,第6数组,第7章函数,第8章编译预处理,第9章指针,第10章结构体与共用体,第11章位运算,第12章文件和附录。建议本书理论讲授课时数为60学时,其中实验课占20学时。学习完本教材后,建议安排两周的"课程设计"。

　　本书是作者根据多年从事C语言的教学经验编写的,根据学生、教师提出的要求和意见,进行了精心的编写,增加了每章节的内容提要,学习要求和小结,为配合读者学习,作者另外编写了《C语言程序设计习题与指导》作为本书的配套教材。

　　本书由西安航空职业技术学院赵钢、周挺和李永峰三位老师编写,其中赵钢老师担任主编,并编写了第2、3、4、5、8、9章和附录,周挺老师编写了第1、10、11和12章,李永峰编写了第6、7章。

　　由于编者水平有限,书中难免存在缺点和错误,恳请专家和读者批评指正。

编　者

2011 年 7 月

目　录

第1章　C语言概述

【内容提要】

C语言是一种计算机程序设计语言。它既具有高级语言的特点，又具有汇编语言的特点。它可以作为系统软件设计语言，编写系统应用程序，也可以作为应用程序设计语言，编写不依赖计算机硬件的应用程序。具有效率高、可移植性好等特点。本章主要介绍C语言的结构特点、程序组成、书写规则、上机运行过程和调试应用程序的方法。

【考点要求】

通过本章的学习，要求学生能理解C语言程序的构成及特点，掌握C程序的上机步骤和运行环境。

1.1　计算机语言

人和计算机之间交流信息使用的语言称为计算机语言或程序设计语言，就如人和人之间的交流需要通过语言一样。计算机语言是一种计算机和人都可以识别的语言，它的发展经历了几个发展阶段：

1. 机器语言

计算机发展的初期，程序员使用的计算机语言是一种用二进制代码"0"和"1"形式表示的，可以被计算机直接识别和执行。这种二进制代码组成数字的称为机器指令（machine instruction）。机器指令的集合就是该计算机的机器语言（machine language）。它是一种低级语言。机器语言虽然执行效率高，速度快，但是用机器语言编写的程序不便于人类记忆、阅读和书写。所以初期只有极少数的计算机专业人员会编写计算机程序。

2. 符号语言

为了便于人类更好更容易编写计算机语言，人们在机器语言的基础上，创造出符号语言（symbolic language），又称为汇编语言（assembler language）。它是用一些英文字母和数字组成的助记符来表示一个指令，例如 ADD、SUB、LD 等。显然，计算机并不能直接识别和执行符号语言的指令，因为计算机只识别"0"和"1"代码，这就需要一种称为汇编程序的软件，把符号语言的指令转换为机器指令。

汇编语言比机器语言易于读写、调试和修改，同时具有机器语言全部优点。因此汇编语言常用于编写直接控制机器操作的底层程序。但是汇编语言的移植性不是很好，因为不同型号的计算机的机器语言和汇编语言是互不通用的。在一种型号上运行正常的汇编程序，如果拿到另外一台机器上需要重新修改程序才可以运行。

机器语言和汇编语言都是面向机器的程序设计语言，因此称为低级语言。

3.高级语言

为了克服低级语言不便于人类进行书写,20世纪50年代创造出第一个计算机高级语言——Fortran语言。它的表达方式很接近人类日常用语和数学表达式。这种语言功能很强,且不依赖于具体机器,用它写出的程序对任何型号的计算机都适用(或只须作很少的修改),它与具体机器距离较远,故称为计算机高级语言。用高级语言编写的程序称为“源程序”,计算机不能识别和执行,而需要把用高级语言编写的源程序翻译成机器指令的程序(称为目标程序),然后让计算机执行机器指令程序,得到结果。高级语言的一个语句往往对应多条机器指令。

高级语言经历了不同的发展阶段:

(1)非结构化的语言。初期的语言属于非结构化的语言,编程风格比较随意,只要符合语法规则即可,没有严格的规范要求,程序中的流程可以随意跳转。人们往往追求程序执行的效率而采用了许多的“小技巧”。使程序变得难以阅读和维护。早期的Basic,Fortran和Algol等都属于非结构化的语言。

(2)结构化语言。为了解决以上问题,提出了“结构化程序设计方法”,规定程序必须由具有良好特性的基本结构(顺序结构、分支结构、循环结构)构成,程序中的流程不允许随意跳转,程序总是由上而下顺序执行各个基本结构。这种程序结构清晰,易于编写、阅读和维护。QBasic,Fortran77和C语言等属于结构化的语言,这些语言的特点支持结构程序设计方法。

以上两种语言都是基于过程的语言,在编写程序时需要具体指定每一个过程的细节。在编写规模较小的程序时,还能得心应手,但在处理规模较大的程序时,就显得捉襟见肘、力不从心了。在实践的发展中,人们又提出了面向对象的程序设计方法。程序面对的不是过程细节,而是一个个对象,对象是由数据以及对数据进行的操作组成的。

(3)面向对象的语言。近十多年来,在处理规模较大的问题时,开始使用面向对象的语言。C++,C♯,Visual Basic和Java等语言是支持面向对象程序设计方法的语言。有关面向对象的程序设计方法和面向对象的语言在本书中不作详细介绍,有兴趣的可参考有关专门书籍。

进行程序设计,必须要用到计算机语言,人们根据任务的需要选择合适的语言,编写出程序,然后运行程序得到结果。

1.2　C语言的发展及其特点

C语言是一种具有很高灵活性的高级程序设计语言,在国际上广泛流行。1972年至1973年间,美国贝尔实验室的D. M. Ritchie在B语言的基础上设计出了C语言。最初的C语言只是为描述和实现UNIX操作系统提供一种工作语言而设计的。随着Unix的日益广泛使用,C语言也迅速得到推广。1978年以后,C语言先后移植到大、中、小和微型计算机上。

C语言有以下一些主要特点:

(1)语言简洁、紧凑,使用方便、灵活。

(2)运算符丰富。

(3)数据类型丰富。

(4)具有结构化的控制语句。

(5)语法限制不太严格,程序设计自由度大。

(6)C 语言允许直接访问物理地址,能进行位(bit)操作,能实现汇编语言的大部分功能,可以直接对硬件进行操作。

(7)用 C 语言编写的程序可移植性好。

(8)生成目标代码质量高,程序执行效率高。

C 语言原来是专门为编写系统软件而设计的,许多大的软件都用 C 语言编写,这是因为 C 语言的可移植性好和硬件控制能力高,表达和运算能力强。许多以前只能用汇编语言处理的问题,后来可以改用 C 语言处理了。目前 C 的主要用途之一就是编写"嵌入式系统程序"。由于具有上述特点,使 C 语言应用面十分广泛,许多应用软件也用 C 语言编写。

1.3　简单的 C 语言程序

本节通过几个小程序引出 C 语言程序设计的基本概念,使读者对 C 语言程序和程序设计有一个初步的认识。

1.3.1　三个简单的 C 程序实例

【例 1.1】用 C 语言编写一个程序,要求输出"Hello World!"

程序代码如下:

```
# include <stdio. h>              /* 这是编译预处理命令 */
void main()                      /* 定义主函数 */
{                                /* 函数开始的标志 */
    printf("Hello World!\n");    /* 输出所指定的一行信息 */
}                                /* 函数结束标志 */
```

运行结果:

Hello World!

Press any key to continue

说明:

(1)以上运行结果是在 Visual C++ 6.0 环境下运行程序时屏幕上得到的显示。其中第一行是程序运行后输出的结果,第二行是 Visual C++ 6.0 系统在输出完运行结果后自动输出的一行提示信息,告诉程序员:"如果想继续进行下一步,请按任意键"。当程序员按任意键后,屏幕上不再显示运行结果,而返回程序编辑窗口,以便进行下一步工作。

(2)# include <stdio. h>是一条编译预处理命令,声明该程序要使用 stdio. h 文件中的内容,stdio. h 是系统提供的一个文件名,stdio 是"Standard Input&Output(标准输入输出)"

的缩写,文件后缀名.h表示头文件的意思(header file),stdio.h文件中包含了常用的输入函数scanf()和输出函数printf()的定义。也就是说,在程序中如果要使用标准输入输出函数,必就须把该编译预处理命令加到程序的最前面,否则,计算机会无法编译scanf()和printf()函数。

(3)程序第二行中的main是函数的名字,表示"主函数",mian前面的void表示此函数的返回值是空类型。每一个C语言程序都必须有且只能有一个main函数。关于函数的具体介绍我们将在后面的章节中具体介绍。

(4)用{}括起来的部分是主函数main()的函数体。main函数中的所有操作语句都在这一对{}之间。

(5)printf()函数是一个由系统定义的标准函数,可以在程序中直接调用,printf()函数的功能是把要输出的内容送到显示器中去显示,双引号中的内容要原样输出。"\n"表示换行符,即在输出完"Hello World!"后进行回车换行。

(6)每条语句用";"表示结束。

(7)/* …… */括起来的部分是程序注释,它是多行注释,还有单行注释(只能注释一行)"//",注释只是为了改善程序的可读性,是对程序中代码含义的解释。程序编译时,计算机不对注释做任何处理。也就是说,注释是给人看的,不是给机器看的。注释可出现在程序中的任何位置。

【例1.2】计算两数之和,并输出结果。

程序代码如下:

```
#include <stdio.h>
void main()
{
    int a,b,sum;              /* 定义三个整型变量 */
    a=123;                    /* 给变量a、b分别赋值为123,456 */
    b=456;
    sum=a+b;                  /* 变量a的值加上变量b的值,然后将累加和
                                 赋值给变量sum */
    printf("sum is %d\n",sum);  /* 输出变量sum的值 */
}
```

程序运行结果:

sum is 579

说明:

(1)"int a,b,sum;"是变量声明语句,声明了三个具有整数类型的变量a,b,sum。C语言的变量必须先声明再使用。

(2)"a=123;b=456;"是两条赋值语句,使a和b的值分别为123和456。每条语句后面均用";"结束。

(3)"sum=a+b;"表示将a与b的值相加所得的和再赋值给sum变量,使得sum的值

为579。

(4)"printf("sum is %d\n",sum);"用来向显示屏上输出 sum 的值,这里的 printf 函数是库函数,它是在"stdio.h"中定义过的,用户直接调用就可以了。双引号中的"sum is"是普通字符,按原样输出,"%d"是为格式控制字符,表示要输出的值是一个十进制的整数形式,输出时用 sum 的具体值来代替"%d"。

【例1.3】编写程序,要求先输入两个整数,再输出其中的较大的数。

程序代码如下:

```c
#include<stdio.h>
int max(int x,int y)              /*定义 max 函数,函数值为整型,形式
                                    参数 x、y 为整型*/
{
int z;                            /*max 函数中的声明部分,定义本函数中用到
                                    的变量 z 为整型*/
if(x>y)z=x;
else z=y;
return(z);                        /*将 z 的值返回,通过 max 带回调用处*/
}
void main()
{
int a,b,c;                        /*定义变量 a、b、c*/
printf("请输入 a 和 b 的值:");    /*提示输入 a 和 b 的值*/
scanf("%d%d",&a,&b);              /*从键盘输入变量 a 和 b 的值*/
c=max(a,b);                       /*调用 max 函数,将得到的值赋给 c*/
printf("max=%d\n",c);             /*输出 c 的值*/
}
```

说明:

(1)本程序包括两个函数。一个是程序的主函数 main,另一个是被调用的函数 max。max 的作用是将 x 和 y 中较大者的值赋给变量 z。return 语句将 z 的值返回给主调函数 main。max 函数是一个用户定义函数,如果把 max 函数写在主函数后面,则必须在主函数当中对 max 函数进行声明。

(2)scanf()是"输入函数"的名字,它的作用是从键盘上输入 a,b 的值。&a 和 &b 中的"&"的含义是"取地址"。此 scanf 函数的作用是:将键盘上的两个数值分别输入到变量 a、b 的地址所标志的单元中,也就是输入给变量 a、b。

例如,输入 a、b 的值分别为 50 和 75,程序运行后,屏幕显示:

请输入 a 和 b 的值:50 75

max=75

1.3.2　C语言程序的基本特点

通过以上几个例子,可以看出C语言程序主要有以下基本特点:

(1)C语言程序完全是有函数构成的,而且每个程序可由一个或多个函数组成。C语言程序的函数化结构使得C语言程序非常容易实现模块化,便于阅读和维护。

(2)一个源程序不论由多少个函数组成,都有且只能有一个main()函数,即主函数。

(3)C语言程序总是从main()函数开始执行,而不论main()函数在程序的什么位置,也就是说,可以将main()函数放在程序的任何位置。

(4)每一个语句都必须以分号结尾,但函数头和花括号"}"之后不能加分号。

(5)C语言中没有专门的输入、输出语句,输入输出是通过scanf()和printf()两个库函数实现的。

(6)标识符、关键字之间至少用一个空格进行分隔,以便互相之间区别开来。

(7)C语言程序对字符的大小写有严格的区别,标识符的大写形式和小写形式是不一样的。

(8)C语言程序中可以用"/ * …… * /"对任何部分进行注释。好的程序都要有必要的注释以提高程序的可读性。

1.4　Visual C++6.0上机环境

1.4.1　C语言程序实现过程

C语言是高级程序语言,用C语言写出的程序通常称为C源程序,人们容易使用,书写和阅读C源程序,但计算机却不能直接执行,因为计算机只能识别和执行特定的二进制形式机器语言程序。为使计算机能完成某个C源程序所描述的工作,就必须把C源程序转换成计算机能够识别和执行的二进制机器语言。C语言程序编译和执行过程如图1-1所示。

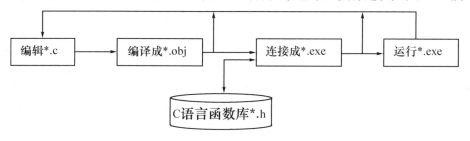

图1-1　C程序操作流程图

C语言程序可执行文件的生成过程如下:

(1)利用编辑器编写生成C语言源程序(文本文件)。编辑器可用记事本、Word等。

（2）采用 C 编译器将源程序编译成二进制的目标文件（伪代码）。生产的目标文件扩展名为 . obj。

（3）采用连接程序将目标文件（＊. obj）与库文件（＊. h）连接，生产可执行文件。可执行文件扩展名为 . exe，可执行文件可脱离 C 环境运行。

1.4.2　Visual C++6.0 的上机操作步骤

全国计算机等级考试（二级 C）采用 Visual C++6.0 环境。为了与全国计算机等级考试环境相匹配，本书的所有源程序皆用 Visual C++6.0 编辑、编译和运行。Visual C++6.0 集成环境不仅支持 C++程序的编译和运行，而且也支持 C 语言程序的编译和运行。通常 Visual C++6.0 集成环境约定：当源程序文件的扩展名为. c 时，编译和运行 C 程序，而当源程序文件的扩展名. cpp 时，编译和运行 C++程序。

启动 Visual C++6.0 后，一般首先新建一个工程（Project），每个工程会新建一个文件夹，相工程中可以添加文件，然后进行编辑、编译、连接、运行源程序，最后查看程序运行结果。如果在创建文件前，没有创建相关工程，系统在编译时，会提示是否要创建活动工程。

1. 启动 Visual C++6.0

双击桌面图标■■■或者单击电脑左下角【开始】→【程序】→【Microsoft Visual C++6.0】命令，可启动 Visual C++6.0 的集成开发环境，如图 1－2 所示。

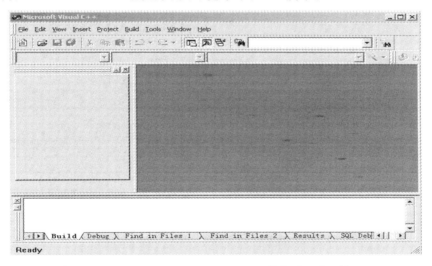

图 1－2　Microsoft Visual C++6.0 的集成开发环境

2. 新建工程

（1）在 Visual C++6.0 集成开发环境中单击菜单栏【File】→【New】，弹出"新建"对话框，然后单击选中"Project"标签下的"Win32 Console Application（Win32 控制台应用程序）"一项，接着在右边的"Project name"下输入创建的工程名称"Chapter01_01"，在"Location"下面选择所创建的工程存放路径，我们选择存放在"D:\Chapter01"下。如图 1－3 所示。

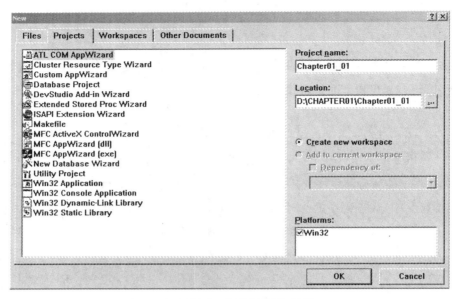

图 1-3　新建工程的"新建"对话框

　　(2)单击"OK"按钮,进入"Win32 Console Application-Step 1 of 1"对话框,选中"一个空工程"项,如图 1-4 所示。

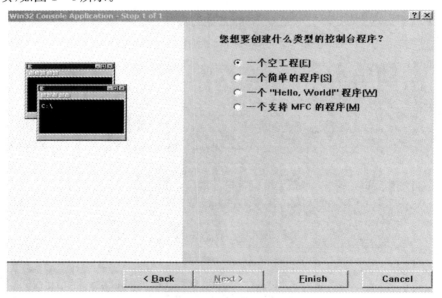

图 1-4　创建 Win32 控制台的第 1 步

（3）单击"Finish"按钮，弹出"New Project Information"对话框。显示即将新建的 Win32 控制台应用程序的框架说明。如图 1—5 所示。

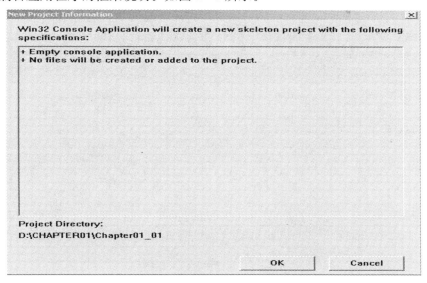

图 1—5 新建工程框架信息

说明：

"Empty console application"说明将建立的是一个空的控制台应用程序。

"No files will be created or added to the project"说明即将创建的工程中没有任何文件。

（4）单击"OK"按钮，弹出 chapter01_01 工程编辑窗口，如图 1—6 所示。

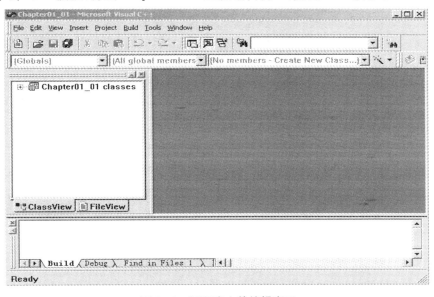

图 1—6 源程序文件编辑窗口

2. 在工程中添加并编辑源程序

（1）单击菜单栏"File→New"弹出新建对话框，在"Files"标签下选中"C++ Source File"一项，然后在右侧的 File 项中填写新建的源程序文件名"ch01_01.c"，如图 1—7 所示。

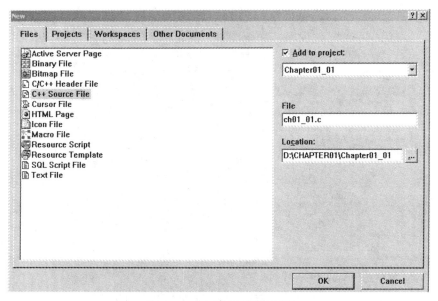

图1-7 新建源程序对话框

（2）单击"OK"按钮，然后在chapter01_01的工程编辑窗口中将出现源程序文件的编辑窗口，如图1-8所示。标题为"ch01_01. c"的子窗口中出现闪烁的字符输入光标，提示输入源程序。

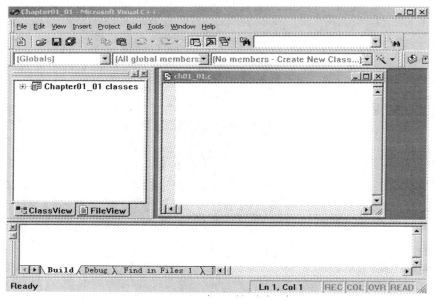

图1-8 源程序文件编辑窗口

（3）在上述窗口中输入源程序，如图1-9所示，然后，单击【文件】→【保存】命令或者按工具栏上的【保存】按钮，将输入的源程序内容保存到文件"D：\Chapter01\Chapter01_01\ch01_01. c"中。

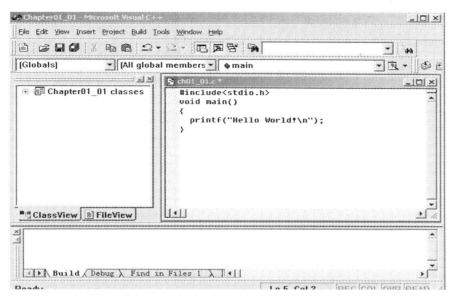

图 1-9 输入源程序内容

3. 编译、连接、运行程序

(1)程序源代码输入完成后,先手工检查一下源代码,检查有没有明显的输入错误。

(2)编译程序。单击图 1-10 中的【编译】→【编译 ch01_01.c】菜单命令,或按【Ctrl+F7】键,按工具栏中的编译快捷键,编译源程序。

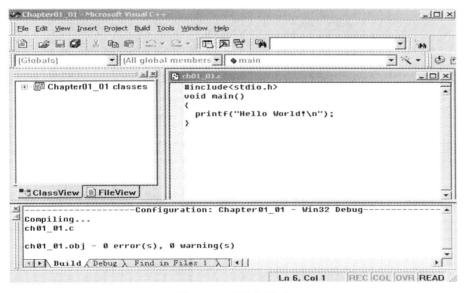

图 1-10 编译源程序

（3）连接程序。单击图1—11中的【编译】→【构建 chapter01_01. exe】菜单命令，或按【F7】键，连接目标程序（. obj），生成可执行程序（. exe）。

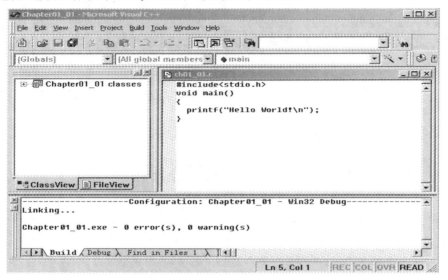

图1—11　连接程序

（4）运行程序。单击图1—12中的【编译】→【执行 chapter01_01. exe】菜单命令，或按【Ctrl＋F5】键，出现如图1—12所示的运行窗口。

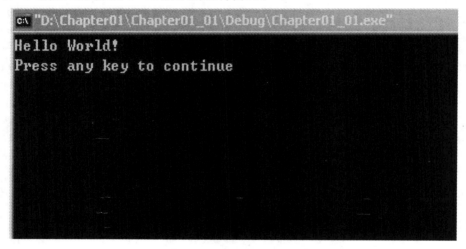

图1—12　程序运行结果

4. C 程序调试

调试是程序设计过程中一个很重要的环节。一个程序很难保证一次就能运行通过，一般都要经过多次调试。

程序中的错误一般分为源程序语法错误和程序设计上的逻辑错误，编译器能找出源程序中的语法错误，如果程序中存在语法错误，那么编译时会在输出窗口中给出错误提示。程序员可以根据错误信息的提示和上下文修改语法错误。但程序逻辑设计错误只能靠程序员利用调试工具对程序进行分析、检查与修改才能完成,这种逻辑错误往往不易发现。下面介绍 Visual C++6.0 查错方法。

(1)查找源程序中的语法错误。

Ｃ语言程序的错误主要包括两大类:一类是语法错误;一类是逻辑设计错误。

语法错误是指违背了 Ｃ 语言语法规则而导致的错误。语法错误分为一般错误(error)和警告错误(warning)两种。

①当用户程序出现 error 错误时,将不会产生可执行文件。

②当用户程序中出现 warning 错误时,通常能够生成可执行文件,但程序运行可能发生错误,严重的 warning 还会引起死机现象。

所以,warning 错误比 error 错误更难以修改,应该尽量消除 warning 错误。

如果程序有语法错误,则在编译时,Visual C++6.0 的编译器将在输出窗口中给出语法错误提示信息。错误提示信息一般还可以指出错误所在位置的行号。用户可以在输出窗口中双击错误提示信息或按 F4 键返回到源程序的编辑窗口,并通过一个定位查到引起错误的语句。

错误提示信息位置不十分准确,并且一处错误往往会引出若干条错误提示信息。因此,修改一个错误后最好马上进行程序的编译或运行。

如果程序并没有违背 Ｃ 语言语法规则,编译器也没有提示出错,而且程序能够成功运行,但程序执行结果与原意不符,这类程序设计上的错误被称为逻辑设计错误或缺陷(Bug),这类错误由于编译器不能给出错误提示,所以必须利用"调试器"(Debug)对程序进行跟踪调试才能发现错误。

(2)调试器查找逻辑错误。

Visual C++6.0 提供了一个重要的工具——调试器,用于查找和修改程序中逻辑设计错误。在【组建】菜单下选择【开始调试】子菜单下的"Go、Step Into、Run To Cursor、Step O-ver"及附加到当前进程 5 个菜单项,它们的功能如表 1—1 所示。

表 1—1　开始调试(D)子菜单中的菜单项和功能

菜单项	快捷键	功　　能
Go	F5	程序运行到某个断点、程序的结束或需用户输入的地方
Run to Cursor	Ctrl+F10	程序执行到当前光标处
Step into	F11	单步执行程序的每一个条孩子了,能进入被调用的函数内部
Step Over	F10	单步执行程序的每一条指令,不进入被调用的函数内部
附加到当前进程		将调试器与一个正在运行的进程相连接

一旦调试过程开始后,"调试"主菜单将取代"组建"主菜单项出现在主菜单中,同时出现一个可停靠的调试工具栏和一些调试窗口,如图 1—13 所示。Auto 标签中显示当前语句或前一条语句中变量的值和函数的返回值;Locals 标签中显示当前函数局部变量的名称、值和类;This 标签以树形方式显示当前类对象的所有数据成员,单击"+"可展开 this 指针所指对象。

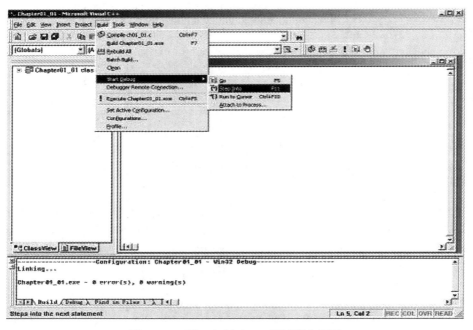

图1—13　Visual C++6.0调试程序界面

（3）跟踪调试程序。

通常程序跟踪调试的基本原理就是在程序运行过程中设计断点，观察某一阶段变量的状态。因此，跟踪调试要做的第一件事就是要使程序在某一点（运行到某条语句时）停下来。用户首先要设置断点，再运行程序，当程序在断点设置处停下来时，再利用各种工具观察程序在此时的状态。

①设置断点。

设置断点的最简单方式是将鼠标移到目标位置后点右键，然后在右键菜单中单击"In-sert/Remove"即可在该行设置断点。另外，可以选择"编辑(E)"菜单下的"断点……"菜单项，系统将显示"Breakpoints"对话框。

②控制程序运行。

当设置断点后，程序就可以进入调试状态，并按要求控制程序的运行，其中有4条命令：Step Over、Step Into、Step Out、Run to Cursor。这4条命令的功能与调试菜单中相应菜单项功能一致，用户可以通过鼠标单击工具栏按钮或使用热键来控制程序的运行。

③观察数据变化。

在调试过程中，用户可以通过Watch窗口和变量窗口查看当前变量值，这些信息可以反映程序运行过程中的状态变化以及变化结果的正确与否，可以反映程序是否有错，再加上人工分析，就可以发现错误所在。

Visual C++6.0是功能强大的可视化C/C++集成开发环境，用户只有通过多练习方能熟练、灵活和全面掌握其功能，一旦用户掌握了Visual C++6.0的应用方法和技巧，就能快速、高质量地完成各种C/C++语言程序的设计工作。

1.5　TC2.0 上机环境

Turbo C 2.0(TC)是 Borland 公司 1987 年推出的 C 语言编译器,具有编译速度快、代码优化效率高等优点,所以在当时深受喜爱。Turbo C 2.0 提供了集成开发环境,由编辑器、编译器、MAKE 实用程序和 RUN 实用程序,还有一个调试器组成。这里,向大家简单介绍一下集成环境的使用方法。假定 TC 所在的盘符和路径为 C:\TC;另有一个用户目录 C:\US-ER。在用户目录下执行启动 TC:(<CR>为回车符)

C:\USER> c:\tc\tc <CR>　　(执行 C:\TC 目录下的 tc.exe)

这样就进入了 TC 集成环境,屏幕上将出现如图 1-14 所示的 TC 工作窗口。

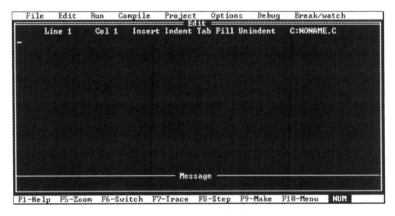

图 1-14　TC 工作窗口

1.5.1　TC 2.0 工作窗口的组成

TC2.0 工作窗口包含以下几方面的内容。

主菜单条:在屏幕的顶部。

编辑窗口:在主菜单窗口下面,占据了屏幕的绝大部分。主要作用是对 TC 源程序进行输入和编辑。在编辑窗口的上部一行英文:

Line 和 Col 表示当前光标所在的行和列;Insert 表示现在是插入模式;最右端表示的是当前正在编辑的文件名及所在的盘符,新建文件没存盘前文件名为 noname.c,存盘后为用户自定义的文件名。

信息窗口:在编辑窗口的下方,用来显示编译和连接时的信息。在信息窗口上方有"Message"字样作为标志。

功能键提示行:

F1-Help(帮助):任何时候按下 F1 键都会显示帮助信息。

F5－Zoom(分区控制)：交替扩大编辑窗口和信息窗口。

F6－Switch(转换)：切换编辑窗口和信息窗口。

F7－Trace(跟踪)：单步执行当前函数的每一条语句,包括该函数调用的其他函数。

F8－Step(按步执行)：单步执行当前函数的每一条语句,但不包括该函数调用的其他函数；

F9－Make(生成目标函数)：进行编译和连接,生成 . obj 文件和 . exe 文件,但不运行该程序；

F10－Menu(菜单)：激活主菜单条。

1.5.2　常用菜单

1. File(文件)菜单

按 Alt＋F 可进入 File 菜单,该菜单包括如图 1－15 所示内容。

图 1－15　File 菜单

Load(加载)：装入一个文件,可用类似 DOS 的通配符(如 ＊ . c)来进行列表选择。也可装入其他扩展名的文件,只要给出文件名(或只给路径)即可。该项的热键为 F3,即只要在主菜单中按 F3 即可进入该项,而不需要先进入 File 菜单再选此项。

Pick(选择)：列出最近使用的 8 个文件让用户选择,其热键为 Alt－F3。

New(新建文件)：建立新的文件,缺省文件名为 noname. c,存盘时可改名。

Save(存盘)：将编辑区中的文件存盘,若是第一次存盘,将询问是否更改文件名,其热键为 F2。

Write to(另存为)：可将编辑区中的文件用其他文件名存盘。

Change dir(改变目录)：显示当前目录,用户可以改变显示的目录。

Os shell(暂时退出)：暂时退出 TC 到 DOS 提示符下,此时可以运行 DOS 命令,若想回到 TC 中,只要在 DOS 状态下键入 exit 即可。

Quit(退出)：退出 TC,返回到 DOS 操作系统中,其热键为 Alt＋X。

说明：

以上各项可用光标键移动色条进行选择,回车则执行;也可按下每一项的第一个大写字母(热键)直接选择。若要退到主菜单或从它的下一级菜单列表框退回均可用 Esc 键,TC 所有菜单均采用这种方法进行操作,以下不再说明。

2. Run(运行)菜单

按 Alt+R 可进入图 1—16 所示 Run 菜单,该菜单有以下各项:

Run(运行程序):运行程序。如果还未进行编译和连接,该命令将依次完成编译、连接和运行三种功能。其热键为 Ctrl+F9。

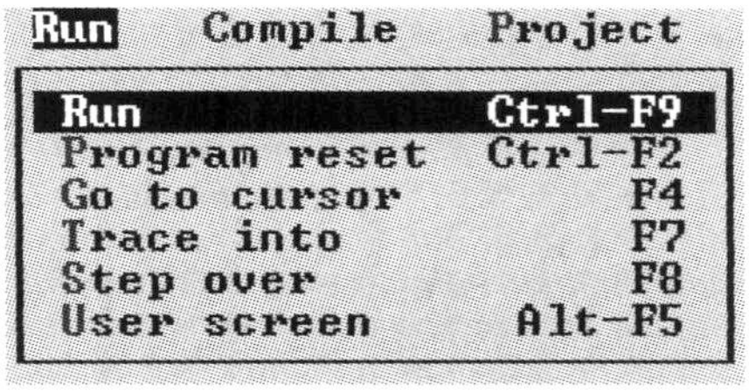

```
 Run      Compile     Project

 Run                  Ctrl-F9
 Program reset        Ctrl-F2
 Go to cursor         F4
 Trace into           F7
 Step over            F8
 User screen          Alt-F5
```

图 1—16　Run 菜单

Trace into(跟踪):见功能键提示行。

Step over(按步执行):见功能键提示行。

User screen(用户屏幕):暂时离开工作窗口查看运行结果,按任意键返回工作窗口。其热键为 Alt+ F5。

3. Compile(编译)

按 Alt+C 可进入如图 1—17 所示的 Compile 菜单,该菜单有以下各项。

```
 Compile    Project    Options    Debu

 Compile to OBJ    C:NONAME.OBJ
 Make EXE file     C:NONAME.EXE
 Link EXE file
 Build all
 Primary C file:
 Get info
```

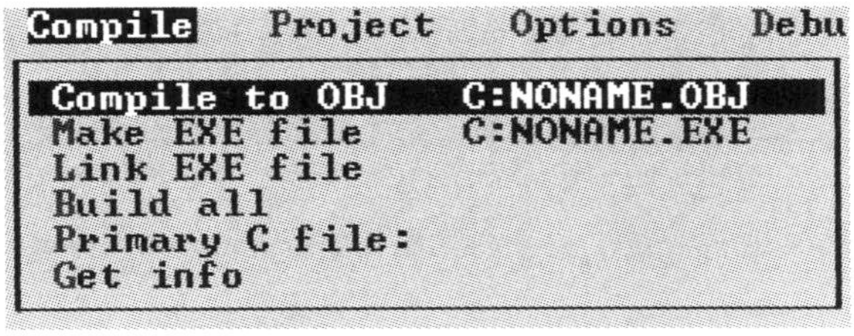

图 1—17　Compile 菜单

Make EXE file(生成执行文件)此命令生成一个 .EXE 的文件,并显示生成的 .EXE 文件名。其中 .EXE 文件名是下面几项之一:由 Project/Project name 说明的项目文件名。若没有项目文件名,则由 Primary C file 说明的源文件;若以上两项都没有文件名,则为当前窗口的文件名。

Link EXE file(连接生成执行文件)把当前 .OBJ 文件及库文件连接在一起生成 .EXE 文件。

Build all(建立所有文件):重新编译项目里的所有文件,并进行装配生成 .EXE 文件。该命令不作过时检查(上面的几条命令要作过时检查,即如果目前项目里源文件的日期和时间与目标文件相同或更早,则拒绝对源文件进行编译)。

Primary C file(主 C 文件):当在该项中指定了主文件后,在以后的编译中,如没有项目文件名则编译此项中规定的主 C 文件,如果编译中有错误,则将此文件调入编辑窗口,不管目前窗口中是不是主 C 文件。

Get info(获取信息):获得有关当前路径、源文件名、源文件字节大小、编译中的错误数目、可用空间等信息。

4. Options(选项菜单)

按 Alt+O 可进入如图 1-18 所示的 Options 菜单。

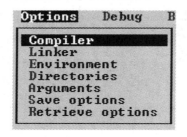

图 1-18　Options 菜单

Directories(路径):规定编译、连接所需文件的路径,有下列各项,如图 1-19 所示。

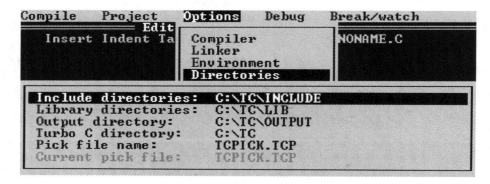

图 1-19　Directories 子菜单

Include directories—包含文件的路径,多个子目录用";"分开。

Library directories—库文件路径,多个子目录用";"分开。

Output directoried—输出文件(.obj,.exe,.map 文件)的目录。

Turbo C directoried—TurboC 所在的目录。

Pick file name—定义加载的 pick 文件名,如不定义则从 current pickfile 中取。

Save options(存储配置):保存配置到配置文件中,缺省的配置文件为 tcconfig.tc。

Retriveoptions:装入一个配置文件到 TC 中,TC 将使用该文件的选择项。

5. Break/watch（断点及监视表达式）

按 Alt＋B 可进入如图 1-20，1-21 所示的 Break/watch 菜单。

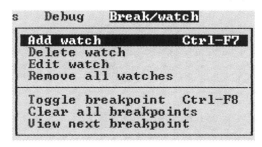

图 1-20　Break/watch 菜单

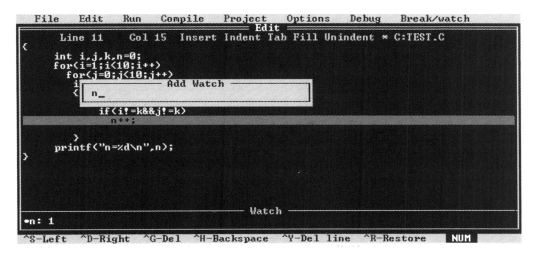

图 1-21　Add watch 子菜单

Add watch：向监视窗口插入一监视表达式。其热键为 Ctrl＋F7。

Delete watch：从监视窗口中删除当前的监视表达式。

Edit watch：在监视窗口中编辑一个监视表达式。

Remove all watches：从监视窗口中删除所有的监视表达式。

Toggle breakpoint：对光标所在的行设置或清除断点。其热键为 Ctrl＋F8。

Clear all breakpoints：清除所有断点。

View next breakpoint：将光标移动到下一个断点处。

1.5.3　常用编辑命令简介

常用编辑命令见表1-2。

表1-2　常用编辑命令

命令名	命令解释
PageUp	向前翻页
PageDn	向后翻页
Home	将光标移到所在行的开始
End	将光标移到所在行的结尾
Ctrl+Y	删除光标所在的一行
Ctrl+T	删除光标所在处的一个词
Ctrl+KB	设置块开始
Ctrl+KK	设置块结尾
Ctrl+KV	块移动
Ctrl+KC	块拷贝
Ctrl+KY	块删除
Ctrl+KR	读文件
Ctrl+KW	存文件
Ctrl+KP	块文件打印
Ctrl+F1	如果光标所在处为TC库函数,则获得有关该函数的帮助信息
Ctrl+Q[	查找TC双界符的后匹配符
Ctrl+Q]	查找TC双界符的前匹配符

本章小结

本章主要讲述计算机程序设计语言——C语言发展背景、基本特点、程序结构、C语言字符集和词法规定以及简单C语言程序的实现过程及开发环境。

每一个C语言程序都是由一个或若干个函数所组成,并且有且仅有一个名为main的主函数,主函数可以放在整个程序的任何位置,但程序执行入口是从它开始的。C语言中的函数都由函数头和函数体两部分组成,函数头包含函数名、函数类型、函数参数及其类型说明表等,用大括号"{}"括起来的是函数体部分。

在C语言中,保留字只能小写,读者还要正确理解转义字符,为进一步学习C语言程序设计奠定基础。

介绍了两种常用的C语言编译软件TC 2.0和Visual C++6.0,C源程序要经过编辑、编译、连接和运行4个环节,才能产生输出结果。

第 2 章　数据类型、运算符与表达式

【内容提要】

程序是计算机对数据进行操作的步骤。在程序中,经常使用各种数据。例如,常数和变量,是操作的主要数据。这些数据对象是与数据的某些性质相关的。例如,某数据的取值范围是什么？它占多大内存空间？允许对它执行哪些运算？诸如这些问题,是由数据类型所决定的。因此,有必要区分不同的数据类型。

【考点要求】

通过本章的学习,要求学生能掌握 C 语言的基本数据类型的特点,常量、变量的概念,掌握 C 语言基本的运算符及表达式的规则。

2.1　C 的数据类型

一个程序应包括以下两方面内容:

(1)对数据的描述。在程序中要指定数据的类型和数据的组织形式,即数据结构(data structure)。

(2)对操作的描述。即操作步骤,也就是算法(algorithm)。

数据是操作的对象,操作的目的是对数据进行加工处理,以得到希望的结果。作为程序设计人员,必须认真考虑和设计数据结构和操作步骤(即算法)。因此,著名计算机科学家沃思(Nikiklaus Wirth)提出一个公式:

数据结构＋算法＝程序

实际上,一个程序除了以上两个主要要素之外,还应当采用结构化程序设计方法进行程序设计,并且用某一种计算机语言表示。因此,可以这样表示:

程序＝算法＋数据结构＋程序设计方法＋语言工具和环境

也就是说,以上 4 个方面是一个程序设计人员所应具备的知识。在设计一个程序时,要综合运用这几方面的知识。在这 4 个方面中,算法是灵魂,数据结构是加工对象,语言是工具,编程需要采用合适的方法。算法是解决"做什么"和"怎么做"的问题。程序中的操作语句,实际上就是算法的体现。

算法处理的对象是数据,而数据是以某种特定的形式存在的(例如整数、实数、字符等形式)。不同的数据之间往往还存在某些联系(例如由若干个整数组成一个整数数组)。所谓数据结构指的是数据的组织形式。例如,数组就是一种数据结构。不同的计算机语言所允许定义和使用的数据结构是不同的。例如,C 语言提供了"结构体"这样一种数据结构,而 Fortran 语言就不提供这种数据结构。处理同一类问题,如果数据结构不同,算法也会不同。例如,对 10 个整数排序和对由 10 个整数构成的数组排序的算法是不同的。因此,在考虑算

法时,必须注意数据结构。实际上,应当综合考虑算法和数据结构,选择最佳的数据结构和算法。

C语言的数据结构是以数据类型形式出现的。C的数据类型如下:

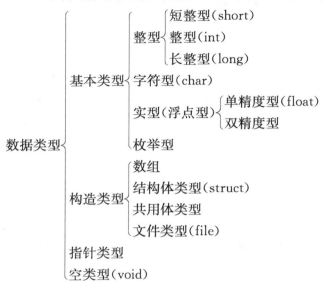

2.2　标识符

正如人类的自然语言具有其语法规则一样,C语言也规定了它的语法。为了按照一定的语法规则构成C语言的各种成分(如常数、变量等),C语言规定了基本词法单位。基本的词法单位是单词,而构成单词的最重要的形式是关键字、标识符和保留标识符。下面简单介绍关键字、标识符和保留标识符。

1.关键字

关键字是具有特定含义的、专门用来说明C语言的特定成分的一类单词。例如,关键字int用来定义整型变量,而关键字float则用来定义实型变量。C语言的关键字都用小写,不能用大写字母书写。例如,关键字int不能写成Int。由于关键字有特定的用途,所以不能用于其他场合,否则就会产生编译错误。下面是标准C中的32个关键字。

auto	break	case	char	const	continue	default	do
double	else	enum	extern	float	for	goto	if
int	long	register	return	short	signed	sizeof	static
struct	switch	typedef	union	unsigned	void	volatile	while

2.标识符

在C语言中用于标识名字的有效字符序列称为标识符。C语言对标识符作如下规定:

(1)C语言规定标识符只能由字母、数字和下划线三种字符组成,且第一个字符必须为字母或下划线。

(2)标识符的长度各个系统不同,建议变量名的长度不要超过 8 个字符。

标识符中的英文字母大小写是有区别的,如标识符 abc 与标识符 ABC 不相同。为便于读者对标识符有进一步的认识,下面列举若干正确的和不正确的标识符。

正确的标识符:

     student　file_2　a1b2c3　a1　array1　sum　average　_total　Class

     dav　month stu_name　tan　lotus_1　BASIC　li_ling

不正确的标识符:

     yes?　　　　　（含有不合法字符"?"）

     2array　　　（第一个字符不允许为数字）

     a b　　　　　（标识符中不允许有空格）

     a/b　　　　　（含有不合法字符"/"）

     int　　　　　（不能使用关键字）

标识符中有效字符个数(也称长度)视系统不同而不同。例如,有两个变量:student_name student_number,由于二者的前 8 个字符相同,系统认为这两个变量是一回事而不加区别。

可以将它们改为 stud_name 和 stud_num,以使之区别。

注意:

①C 语言对大小写字母敏感。

大写字母和小写字母被认为是两个不同的字符(C 语言对大小写字母敏感)。因此,sum 和 SUM,Class 和 class 是两个不同的变量名。一般,变量名用小写字母表示,与人们日常习惯一致,以增加可读性。

②在选择变量名和其他标识符时,应注意做到"见名知意"。

"见名知意"即选有含意的英文单词(或其缩写)作标识符,如 count、name、day、month、total、country 等,除了数值计算程序外,一般不要用代数符号(如 a、b、c、$x1$、$y1$ 等)作变量名,以增加程序的可读性。这是结构化程序的一个特征。本书在一些简单的举例中,为方便起见,仍用单字符的变量名(如 a、b、c 等),请读者注意不要在其他所有程序中都如此。

以后将会看到,标识符用来为变量、符号常量、数组、函数等取名。使用时,标识符的选择由程序员自定,但是不能与关键字相同。另外,为了增加程序的可读性,选择标识符时应遵循"见名知义"的原则,即选择描述性的标识符,标识符应尽量与所要命名的对象有一定的联系,以帮助识别和记忆。例如:

     length　　　　（表示长度）

     time　　　　　（表示时间）

     pi　　　　　　（表示圆周率兀）

     array　　　　　（表示数组）

     area　　　　　（表示面积）

3.保留标识符

保留标识符是系统保留的一部分标识符,通常用于系统定义和标准库函数的名字。例如,以下划线开始的标识符通常用于定义系统变量。不应该把这些标识符来定义自己的变量。虽然它们也是合法的标识符,但是用它们来表示其他的意思就可能会出问题。

2.3　常量与变量

2.3.1　常量和符号常量

1. 常量

在 C 语言中,把在程序运行过程中其值不能改变的量称为常量。常量分为不同的类型,有整型常量、实型常量、字符常量和字符串常量。如:

12,0,−3 为整型常量;

4.6,−1.23 为实型常量;

'a','d' 为字符常量;

"C program"为字符串常量。

2. 符号常量

可以用一个标识符代表一个常量的,称为符号常量。

定义方法:

#define　标识符　字符串

【例 2.1】符号常量的使用。

```
#define PI 50
main()
{int num,total;
num=10;
total=num*PI;
printf("total=%d",total);
}
```

程序中用#define 命令行定义 PI 代表常量50,此后凡在本文件中出现的 PI 都代表50,可以和常量一样进行运算,程序运行结果为:

total=500

注意:

①符号常量不同于变量,它的值在其作用域(在本例中为主函数)内不能改变,也不能再被赋值。如再用②赋值语句给 PI 赋值是错误的。

PI=100;

②习惯上,符号常量名用大写,变量名用小写,以示区别。

使用符号常量的好处是:

(1)含义清楚。

如上面的程序中,看程序时从 PI 就可知道它代表价格。因此定义符号常量名时应考虑

"见名知义"。在一个规范的程序中不提倡使用很多的常数,如:

　　　　sum＝15 * 30 * 23.5 * 43;

在检查程序时搞不清各个常数究竟代表什么。应尽量使用"见名知义"的变量名和符号常量。

(2)在需要改变一个常量时能做到"一改全改"。

例如在程序中多处用到某物品的价格,如果价格用常数表示,则在价格调整时,就需要在程序中作多处修改,若用符号常量 PI 代表价格,只需改动一处即可。如:

　　　　♯define PI 60

在程序中所有以 PI 代表的价格就会一律自动改为 60。

2.3.2　变量

与常量相对应的一种量是变量。顾名思义,变量就是在程序执行的过程中其值可以改变的量。它用标识符来表示(变量名),在内存中占据一定的存储单元。

一个变量应该有一个名字,在内存中占据一定的存储单元。在该存储单元中存放变量的值。

注意区分变量名和变量值这两个不同的概念,见图 2—1。

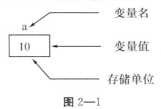

图 2—1

变量名实际上是一个符号地址,在对程序编译连接时由系统给每一个变量名分配一个内存地址。在程序中从变量中取值,实际上是通过变量名找到相应的内存地址,从其存储单元中读取数据。

在程序中对用到的所有数据都必须指定其数据类型,要求对所有用到的变量作强制定义,也就是"先定义,后使用"。这样做的目的是:

(1)凡未被事先定义的,不作为变量名,这就能保证程序中变量名使用得正确,避免误输入。

例如,如果在定义部分写了

　　　　int student;

而在执行语句中错写成 statent。如:

　　　　statent＝30;

在编译时检查出 statent 未经定义,不作为变量名。因此输出"变量 statent 未经声明"的信息,便于用户发现错误,避免变量名使用时出错。

(2)每一个变量被指定为一确定类型,在编译时就能为其分配相应的存储单元。

如指定 a、b 为 int 型,Turbo C 编译系统为 a 和 b 各分配两个字节,并按整数方式存储数据。

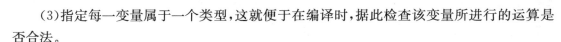

（3）指定每一变量属于一个类型，这就便于在编译时，据此检查该变量所进行的运算是否合法。

例如，整型变量 a 和 b，可以进行求余运算：

　　　a％b;

％是"求余"，得到 a/b 的余数。如果将 a、b 指定为实型变量，则不允许进行"求余"运算，在编译时会给出有关"出错信息"。

2.4　整型数据

2.4.1　整型常量

在 C 语言中，整型常量分为十进制整型常量、八进制整型常量和十六制整型常量三种表示形式。

（1）十进制整型常量。

这种常量只能出现 0~9 之间的数字，可带正、负号。如：

$$0 \quad 10 \quad 123 \quad 789 \quad -1 \quad -255$$

（2）八进制整型常量。

这种常量是以数字 0 开头的八进制数字串。其中，数字为 0~7。

如 0123 表示八进制数 123，即 $(123)_8$，其值为：$1×8^2+2×8^1+3×8^0$，等于十进制数 83。－017（十进制－15），0101（十进制 65），011（十进制 9），0777（十进制 511）。

（3）十六进制整型常量。

这种常量是以 0x 或 0X 开头的十六进制数字串。其中每个数字可以是 0~9、a~f 或 A~F 中的数字或英文字母。

如 0x123，代表十六进制数 123，即 $(123)_{16}=1×16^2+2×16^1+3×16^0=256+32+3=291$。－0x12 等于十进制数－18。0x101（十进制 257）　0Xaf（十进制 175）　0x789（十进制 1929）。

以上三种进制的常量可用于不同的场合。大多数场合中采用十进制常量，但当编写系统程序时，如表示地址等，常用八进制或十六进制常量。

2.4.2　整型变量

1.整型数据在内存中的存放形式

数据在内存中是以二进制补码的形式存放的。

求补码的方法：

（1）一个正数的补码和其原码的形式相同。

如果定义了一个整型变量 i：

　　　int i;　　　　　　　　/＊定义为整型变量＊/

　　　i＝10;　　　　　　　　/＊给 i 赋以整数 10＊/

十进制数 10 的二进制形式为 1010，在微机上使用的 C 编译系统，每一个整型变量在内存中占 2 个字节。

图 2-2(a)是数据存放的示意图，图 2-2(b)是数据在内存中实际存放的情况。

i	10		0	0	0	0	0	0	0	0	0	0	0	0	1	0	1	0

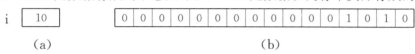

(a)　　　　　　　　(b)

图 2-2

(2)求负数的补码的方法是：将该数的绝对值的二进制形式，按位取反再加 1。

例如求-10 的补码：

①取-10 的绝对值 10；

②10 的绝对值的二进制形式为 1010；

③对 1010 取反得 1111111111110101(一个整数占 16 位)；

④再加 1 得 1111111111110110，见图 2-3。

整数的 16 位中，最左面的一位是表示符号的，该位为 0，表示数值为正；为 1 则数值为负。

10 的原码	0	0	0	0	0	0	0	0	0	0	0	0	1	0	1	0	(a)
取反	1	1	1	1	1	1	1	1	1	1	1	1	0	1	0	1	(b)
再加 1																	
得-10 的补码	1	1	1	1	1	1	1	1	1	1	1	1	0	1	1	0	(c)

图 2-3

2. 整型变量的分类

(1)根据数值的范围将变量定义为三种类型：

①基本整型，以 int 表示(占 2 字节)。

②短整型，以 short int 表示，或以 short 表示(占 2 字节)。

③长整型，以 long int 表示，或以 long 表示(占 4 字节)。

(2)为了充分利用变量的表数范围，又可将变量定义为两种：

①无符号数(unsigned)类型。

②有符号数(signed)类型(可以省略)。

注意：

如果不指定 unsigned 或指定 signed，则存储单元中最高位代表符号(0 为正，1 为负)。

如果指定 unsigned，为无符号型，存储单元中全部二进位(bit)用作存放数本身，而不包括符号。

无符号型变量只能存放不带符号的整数，如 123、4687 等，而不能存放负数。

如-123、-3。一个无符号整型变量中可以存放的正数的范围比一般整型变量中正数的范围扩大一倍。如果在程序中定义 a 和 b 两个变量：

int a；

unsigned int　b；

则变量 a 的数值范围为－32768～32767。而变量 b 的数值范围为 0～65535。

图 2-4(a)表示有符号整型变量 a 的最大值(32767)。

图 2-4(b)表示无符号整型变量 b 的最大值(65535)。

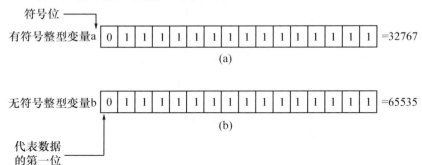

图 2-4

(3)C 标准没有具体规定以上各类数据所占内存字节数,只要求 long 型数据长度不短于 int 型,short 型不长于 int 型。具体如何实现,由各计算机系统自行决定。

如在微机上,int 和 short 都是 16 位,而 long 是 32 位。在 VAX 750 上,short 是 16 位,而 int 和 long 都是 32 位,一般以一个机器字(word)存放一个 int 数据。

前一阶段,微机的字长一般为 16 位,故以 16 位存放一个整数,但整数的范围太小,往往不够用,故将 long 型定为 32 位。而 VAX 的字长为 32 位,以 32 位存放一个整数,范围可达正负 21 亿,已足够用了,不必再将 long 型定为 64 位。所以将 int 和 long 都定为 32 位。

通常的做法是:把 long 定为 32 位,把 short 定为 16 位,而 int 可以是 16 位,也可以是 32 位。这主要取决于机器字长。

在微机上用 long 型可以得到大范围的整数,但同时会降低运算速度,因此除非不得已,不要随便使用 long 型。

表 2-1 列出 ANSI 标准定义的整数类型和有关数据。表中所列出的"最小取值范围"是指不能低于此值,但可以高于此值。例如,允许有的 C 编译系统规定一个整型数据占 4 个字节(32 位),其取值范围为－2147483648—2147483647。Turbo C 的规定是完全与表2-1一致的。

表 2-1　ANSII 标准定义的证书类型

类　型	长　度	范　围
int	16	−32768~32767
short [int]	16	−32768~32767
long [int]	32	−2147483648~2147483649
unsigned [int]	16	0~65535
unsigned short	16	0~32767
unsigned long	32	0~4294967296

约定:方括弧内的部分是可以省写的。

3．整型变量的定义

前面已提到,C 规定在程序中所有用到的变量都必须在程序中定义。

例如:

```
int a,b;              （指定变量 a、b 为整型）
unsigned short c,d;   （指定变量 c、d 为无符号短整型）
long e,f;             （指定变量 e、f 为长整型）
```

对变量的定义,一般是放在一个函数的开头部分的声明部分(也可以放在函数中某一分程序内,但作用域只限它所在的分程序,这将在第 6 章介绍)。

【例 2.2】整型变量的定义与使用。

```
main()
{int a,b,c,d;         /*指定 a、b、c、d 为整型变量*/
 unsigned u;          /*指定 u 为无符号整型变量*/
 a=12;b=−24;u=10;
 c=a+u;d=b+u;
 printf("a+u=%d,b+u=%d\n",c,d);
}
```

运行结果为:

a+u=22,b+u=−14

可以看到不同种类的整型数据可以进行算术运算。在本例中是 int 型数据与 unsigned int 型数据进行相加相减运算(有关运算的规则在本章 2.7 节中介绍)。

4．整型数据的溢出

在 Turbo C 中一个 int 型变量的最大允许值为 32767,如果再加 1,会出现什么情况?

【例 2.3】整型数据的溢出。

```
main()
{int a,b;
a=32767;
b=a+1;
printf("%d,%d",a,b);
}
```

运行结果为

32767,－32768

从图 2-5 可以看到：变量 a 的最高位为 0,后 15 位全为 1。加 1 后变成第 1 位为 1,后面 15 位全为 0。而它是－32768 的补码形式,所以输出变量 b 的值为－32768。

a	0	1	1	1	1	1	1	1	1	1	1	1	1	1	1	→32767
b	1	0	0	0	0	0	0	0	0	0	0	0	0	0	0	→－32768

图 2-5

注意,一个整型变量只能容纳－32768～32767 范围内的数,无法表示大于 32767 的数。遇此情况就发生"溢出",但运行时并不报错. 它好像汽车的里程表一样,达到最大值以后,又从最小值开始计数。所以,32767 加 1 得不到 32768,而得到－32768,这可能与程序编制者的原意不同。从这里可以看到:C 的用法比较灵活,往往出现副作用,而系统又不给出"出错信息",要靠程序员的细心和经验来保证结果的正确。将变量 b 改成 long 型就可得到预期的结果 32768。

2.4.3 整型常量的类型

我们已知整型变量可分为 int、short int、long int 和 unsigned int、unsigned short、unsigned long 等类别。那么常量是否也有这些类别? 在将一个整型常量赋值给上述几种类别的整型变量时如何做到类型匹配?

请注意以下几点：

(1)一个整数,如果其值在－32768～+32767 范围内,认为它是 int 型,它可以赋值给 int 型和 long int 型变量。

(2)一个整数,如果其值超过了上述范围,而在－2147483648～+2147483647 范围内,则认为它是长整型,可以将它赋值给一个 long int 型变量。

(3)如果某一计算机系统的 C 版本(例如 Turbo C)确定 short int 与 int 型数据在内存中占据的长度相同,则它的表数范围与 int 型相同。因此,一个 int 型的常量也同时是一个 short int 型常量,可以赋给 int 型或 short int 型变量。

(4)一个整常量后面加一个字母 u(U),认为是 unsigned int 型。

如 12345u,在内存中按 unsigned int 规定的方式存放(存储单元中最高位不作为符号位,而用来存储数据,见图 2-4(b)。如果写成－12345u,则先将－12345 转换成其补码 53191,然后按无符号数存储。

(5)在一个整常量后面加一个字母 l 或 L,则认为是 long int 型常量。

例如 123l、432L、0L 等,这往往用于函数调用中。如果函数的形参为 long int 型,则要求实参也为 long int 型,此时用 123 作实参不行,而要用 123L 作实参。

2.5　实型数据

2.5.1 实型常量的表示方法

实数(real number)又称浮点数(floating-point number)。

实型常量有两种表示形式:一种是十进制小数形式,一种是指数形式。

(1)十进制小数形式。

十进制小数形式包含一个小数点的十进制数字串。小数点前、后可以没有数字,但不能同时没有数字。如:

3.14159,.125,2.0, 23. ,-5.0, 0.0

(2)指数形式。

指数形式的格式由两部分组成:一部分是十进制小数形式的常量或者十进制整型常量,另一部分是指数部分。其中指数部分是在 e 或 E 后跟整数阶码(即可带符号的整数指数),如:

1.e3	(表示数值 1.2×10^3)
0.314159e+5	(表示数值 0.314159×10^5)
23.0E-1	(表示数值 23×10^{-1})

下面是不正确的实型常量:

e24	(缺少十进制小数形式部分)
1.3E	(缺少阶码)
2.e2.1	(不是整数阶码)

2.5.2　实型变量

1. 实型数据在内存中的存放形式

在常用的微机系统中,一个实型数据在内存中占 4 个字节(32 位)。与整型数据的存储方式不同,实型数据是按照指数形式存储的。

系统把一个实型数据分成小数部分和指数部分,分别存放。实数 3.14159 在内存中的存放形式可以用图 2-6 示意。

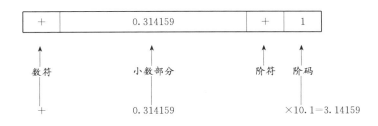

图 2-6　实型数的存储结构

图中是用十进制数来示意的,实际上在计算机中是用二进制数来表示小数部分以及用2的幂次来表示指数部分的。

在4个字节(32位)中,究竟用多少位来表示小数部分,多少位来表示指数部分,标准C并无具体规定,由各C编译系统自定。不少C编译系统以24位表示小数部分(包括符号),以8位表示指数部分(包括指数的符号)。小数部分占的位(bit)数愈多,数的有效数字愈多,精度愈高。指数部分占的位数愈多,则能表示的数值范围愈大。

2.实型变量的分类

C实型变量分为单精度(float型)、双精度(double型)和长双精度型(long double)三类。有关规定见表2-2。

表2-2　实型数据

类　　型	所占字节数	有效数位	数值范围
float	4	6～7	$-10^{37}\sim10^{38}$
double	8	15～16	$-10^{307}\sim10^{308}$

ANSI C并未具体规定每种类型数据的长度、精度和数值范围。有的系统将double型所增加的32位全用于存放小数部分,这样可以增加数值的有效位数,减少舍入误差。应当了解,不同的系统会有差异。对每一个实型变量都应在使用前加以定义。如:

float x,y;(指定x、y为单精度实数)

double z;(指定z为双精度实数)

long double t;(指定t为长双精度实数)

在初学阶段,对long double型用得较少,因此我们不准备作详细介绍。读者只要知道有此类型即可。

3.实型数据的舍入误差

由于实型变量是由有限的存储单元组成的,因此能提供的有效数字总是有限的,在有效位以外的数字将被舍去。由此可能会产生一些误差。

例如,a加20的结果显然应该比a大。请分析下面的程序:

【例2.4】实型数据的舍入误差。

```
main()
{
    float a,b;
    a=123456.789e5;
    b=a+20;
    printf("%f",b);
}
```

程序内printf函数中的"%f"是输出一个实数时的格式符。程序运行时,输出b的值与a相等。原因是:a的值比20大很多,a+20的理论值应是12345678920,而一个实型变量只能保证的有效数字是7位有效数字,后面的数字是无意义的,并不准确地表示该数。

运行程序得到的a和b的值是12345678848.000000,可以看到,前8位是准确的,后几位是不准确的,把 20 加在后几位上,是无意义的。

注意:应当避免将一个很大的数和一个很小的数直接相加或相减,否则就会"丢失"小的数。

与此类似,用程序计算 1.0/3 * 3 的结果并不等于 1。

说明:

(1)一个实型变量只能保证的有效数字是 7 位有效数字,后面的数字是无意义的,并不准确地表示该数。

(2)双精度型,有效位为十六位。但 Turbo C 规定小数后最多保留六位,其余部分四舍五入。

2.5.3　实型常量的类型

C 编译系统将实型常量作为双精度来处理(缺省为 double 型)。例如已定义一个实型变量 f,有如下语句:

　　f=2.45678 * 4523.65;

系统将 2.45678 和 4523.65 按双精度数据存储(占 64 位)和运算,得到一个双精度的乘积,然后取前 7 位赋给实型变量 f。这样做可以保证计算结果更精确,但是运算速度降低了。可以在数的后面加字母 f 或 F(如 1.65f,654.87F),这样编译系统就会按单精度(32 位)处理。

一个实型常量可以赋给一个 float 型、double 型或 long double 变量。根据变量的类型截取实型常量中相应的有效位数字。假如 a 已指定为单精度实型变量:

　　float a;

　　a=111111.111;

由于 float 型变量只能接收 7 位有效数字,因此最后两位小数不起作用。

如果 a 改为 double 型,则能全部接收上述 9 位数字并存储在变量 a 中。

2.6　字符型数据

2.6.1　字符常量

字符常量是用一对单引号括在其中的一个字符。如 'a'、'A'、'm'、't' 都是一个字符常量。字符常量依赖于所在计算机系统上使用的字符集。字符集是一套允许使用的字符的集合。目前在中小型计算机和微型机上广泛采用 ASC Ⅱ 字符集。

从本质上讲,一个字符常量值是所用计算机字符集中的一个字符的编码值,因此,字符常量实质上是整型常量。例如,在 ASC Ⅱ 字符集中,字符 a 的编码值是 97,字符 A 的编码值是 65,而字符 0 的编码值是 48,因而字符常量 'a' 的值为 97,字符常量 'A' 的值为 65,而字符常量 '0' 的值为 48(注意,'0' 的值是 48 而不是 0)。

在 C 语言中,构成字符常量的控制字符必须用转义字符表示。转义字符是一种以"\"开头的字符。例如,退格符用 '\b' 表示,换行符用 '\n' 表示。转义字符中的"\"表示它后面的字符已失去它原来的含义,转变成另外的特定含义。反斜杠与其后面的字符一起构成一个特定的字符。表2-3中列出了最常用的几个转义字符。

表2-3　部分转义字符及含义

字符形式	含　义	ASCII代码
\n	换行,将当前位置移到下一行开头	10
\t	水平制表(跳到下一个 tab 位置)	9
\b	退格,将当前位置移到前一列	8
\r	回车,将当前位置移到本行开头	13
\f	换页,将当前位置移到下页开头	12
\\	反斜杠字符"\"	92
\'	单引号(撇号)字符	39
\"	双引号字符	34
\ddd	1到3位8进制数所代表的字符	
\xhh	1到2位16进制数所代表的字符	

表2-3中列出的字符称为"转义字符",意思是将反斜杠(\)后面的字符转换成另外的意义。如 '\n' 中的"n"不代表字母 n 而作为"换行"符。

表2-3中倒数第2行是用 ASCII 码(八进制数)表示一个字符,例如 '\101' 代表 ASC II 码(十进制数)为65的字符"A"。'\012'(十进制 ASCII 码为10)代表"换行"。用 '\376' 代表图形字符'■'。

用表2-3中的方法可以表示任何可输出的字母字符、专用字符、图形字符和控制字符。

注意:'\0' 或 '\000' 是代表 ASCII 码为0的控制字符,即"空操作"字符,它将用在字符串中。

2.6.2　字符串常量

前面已提到,字符常量是由一对单引号括起来的单个字符。C 语言除了允许使用字符常量外,还允许使用字符串常量。

1.字符串常量的表示

字符串常量是一对双引号括起来的字符序列。

如:

"How are you do. ",　"CHINA","a"," $123.45",都是字符串常量。

2.输出一个字符串

可以输出一个字符串。

如:

printf("How do you do. ");

注意:不要将字符常量与字符串常量混淆。'a' 是字符常量,"a"是字符串常量,二者不同。

假设 c 被指定为字符变量:

　　char c;

　　c='a';是正确的。

而

c＝"a"；是错误的。

c＝"CHINA"也是错误的。

不能把一个字符串赋给一个字符变量。

3.'a' 和"a"的区别

C 规定：在每一个字符串的结尾加一个"字符串结束标志"，以便系统据此判断字符串是否结束。C 规定以字符 '\0' 作为字符串结束标志。

(1)字符串结束标志 '\0'

'\0' 是一个 ASCII 码为 0 的字符，从 ASCII 代码表中可以看到 ASCII 码为 0 的字符是"空操作字符"，即它不引起任何控制动作，也不是一个可显示的字符。

如有一个字符串"CHINA"，实际上在内存中是

C	H	I	N	A	\0

它的长度不是 5 个字符，而是 6 个字符，最后一个字符为 '\0'。但在输出时不输出 '\0'。

注意，'\0' 字符是系统自动加上的。在写字符串时不必加 '\0'。

(2)'a' 和"a"的区别

字符串"a"，实际上包含 2 个字符：'a' 和 '\0'，因此，把它赋给只能容纳一个字符的字符变量 c：

c＝"a"；

显然是不行的。

(3)如何将一个字符串存放在变量中

在 C 语言中没有专门的字符串变量(BASIC 中的字符串变量形式为 A＄、B＄ 等)，如果想将一个字符串存放在变量中，以便保存，必须使用字符数组，即用一个字符型数组来存放一个字符串，数组中每一个元素存放一个字符。这将在第 6 章中介绍。

2.6.3　字符变量

字符型变量用来存放字符常量。

注意：字符型变量只能放一个字符，不要以为在一个字符变量中可以放一个字符串(包括若干字符)。

1.字符变量的定义

定义形式如下：

char c1,c2;

它表示 c1 和 c2 为字符型变量，各可以放一个字符。

2.字符变量的赋值

如在定义字符型变量后，在函数中可以用下面语句对 c1、c2 赋值：

c1＝'a'；c2＝'b'；

3.字符变量的占用空间

在所有的编译系统中都规定以一个字节来存放一个字符，或者说一个字符变量在内存中占一个字节。

2.6.4 字符数据在内存中的存储形式及其使用方法

1.字符数据在内存中的存储形式

将一个字符常量放到一个字符变量中,实际上并不是把该字符本身放到内存单元中去,而是将该字符的相应的 ASCII 代码放到存储单元中。

例如字符 'a' 的 ASC II 代码为 97,'b' 为 98,在内存中变量 c1、c2 的值如图 2-7(a)所示。实际上是以二进制形式存放的,如图 2-7(b)所示。

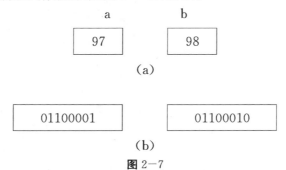

图 2-7

既然在内存中,字符数据以 ASCII 码存储,它的存储形式就与整数的存储形式类似。这样,在字符型数据和整型数据之间的转换就比较方便了。

2.字符数据的使用方法

一个字符数据既可以以字符形式输出,也可以以整数形式输出。字符型数据和整型数据是通用的。

(1)以字符形式输出时,需要先将存储单元中的 ASCII 码转换成相应字符,然后输出。

(2)以整数形式输出时,直接将 ASC II 码作为整数输出。

(2)也可以对字符数据进行算术运算,此时相当于对它们的 ASCII 码进行算术运算,只是将其一个字节转化为 2 个字节,然后参加运算。C 语言允许字符数据与整数直接进行算术运算。

【例 2.5】向字符变量赋以整数。

```
main()
{char cl,c2;
  cl= 97;
  c2= 98;
  printf("%c%c\n",c1,c2);          /* 以字符形式输出 */
  printf("%d%d\n",c1,c2);          /* 转换为整数形式输出 */
}
```

c1,c2 被指定为字符变量。但在第 3 和第 4 行中,将整数 97 和 98 分别赋给 c1 和 c2,它的作用相当于以下两个赋值语句:

    c1='a';c2='b';

因为 'a' 和 'b' 的 ASCII 码为 97 和 98。在程序的第 3 和第 4 行是把 97 和 98 两个整数直接存放到 c1 和 c2 的内存单元中。而 c1='a' 和 c2='b',则是先将字符 'a' 和 'b' 化成 ASCII 码 97 和 98,然后放到内存单元中。二者的作用和结果是相同的。第 5 行输出两个字符 a 和 b。"%c"是输出字符时必须使用的格式符。程序第 6 行输出两个整数 97 和 98。程序运行时输出如下：

a b

97 98

可以看到：字符型数据和整型数据是通用的。

它们既可以用字符形式输出（用%c），也可以用整数形式输出（用%d）。

注意：字符数据只占一个字节，它只能存放 0～255 范围内的整数。

2.7　运算符和表达式

C 语言中包含许多运算符，不同的运算符产生不同的表达式。C 语言中有各种表达式，例如，算术表达式、赋值表达式、关系表达式、逻辑表达式等。这些表达式可以完成某些复杂的操作，它们在 C 语言中起了非常重要的作用。

2.7.1　表达式

考虑如下计算圆面积的语句：

s＝3.14159 * r * r;

在这个语句中，等号右边的 3.14159 * r * r 叫做表达式。表达式在计算机程序设计中使用非常广泛。在 C 语言中，具有多种形式的表达式，如算术表达式、关系表达式、逻辑表达式等。

一个常量，一个变量，都可以看成是一个表达式。一个表达式可以通过运算符与另一个表达式构成新的表达式。例如，在表达式 3.14159 * r * r 中，3.14159、r、3.14159 * r、3.14159 * r * r 都是表达式。其中"*"是运算符。

表达式要遵守 C 语言语法规则。不同的表达式，规定了不同的求值规则。这些规则是通过表达式中的运算符来实现的。在一个复杂的表达式中，少不了运算符。

在 C 语言中，有的运算符只需一个运算对象，如-5 中的负号（-），这种运算符叫做单目运算符；有的运算符需要两个运算对象，如加号（+）、减号（-）、乘号（*）、除号（/），这种运算符叫做双目运算符；有的运算符需要三个运算对象，这种运算符叫做三目运算符。所以，表达式是由运算对象和运算符组成的式子。

2.7.2　算术运算符

用算术运算符或圆括号将运算对象（运算分量）连接起来的式子称为算术表达式。如 3.14159 * r * r 就是一个正确的算术表达式。算术表达式中的运算对象都是算术量，即整型、实型或字符型。算术表达式的值（即计算结果）也是算术量。

在算术表达式中，有下面五个算术运算符：

+、-、*、/、%

"＋"是加法运算符。它是双目运算符,它的功能是进行求和运算,如a＋b。

"－"有两种用法:一种是作减法运算符。它是双目运算符,它的功能是进行求差运算,如a－b。另一种是作负值运算符,它是单目运算符,如－a,对a求负值运算。

"＊"是乘法运算符。它是双目运算符,它的功能是进行求积运算,如a＊b。

"/"是除法运算符。它是双目运算符,它的功能是进行求商运算,如a/b。在a/b中,如果a和b都是整型量,则其商也为整型量,小数部分被舍去。如5/2结果为2,2/3结果为0。如果a、b中有一个或都是实型量,则a和b都化为实型量,然后相除,结果为实型数据。如5.0/2,结果为2.5。

"％"是求余运算符。它是双目运算符,它的功能是进行求余数的运算,如a％b,其结果为a除以b后的余数。运算符"％"要求它的两个运算对象都必须是整型量,其结果也是整型量。如5％2的结果为1,否则会产生编译错误。

正如数学中的四则运算符号具有优先级一样,C语言中也规定了上面五个运算符的优先级。

算术运算符的优先级分为三级,下面是从高到低的优先级级别:

一级:负号(求负值运算符)－

二级:＊　　/　　％

三级:＋　　－

当然,也可以通过圆括号改变这种优先关系,因为圆括号具有最高的运算级别。C语言中也规定了运算符的结合性,负号运算符有右结合性,其他的有左结合性。当相同的优先级的运算符同时出现在表达式中,就必须使用结合性规定它们的运算规则。如计算表达式2.0＋3.0－4.0＋5.0,因为"＋"、"－"运算符的结合性是左结合性(即从左到右),所以运算的顺序是从左到右进行运算。

表2－4是将一般数学式改写成C语言要求的算术表达式的例子。

表2－4　C语言要求的算术表达式格式

一般数学式	C语言要求的算术表达式格式	注　释
$[a(b+c)+b]ac$	(a＊(b＋c)＋b)＊a＊c	方括号改用圆括号,乘号不能省略
$\dfrac{\pi r^2}{2}$	3.14159＊r＊r/2.0	π为非字母字符,不能用在表达式中,应把它改为实型常量,$r^2=r*r$
$\dfrac{x}{x+y}+\dfrac{1}{xy}$	x/(x＋y)＋1.0/(x＊y)	表达式中不能出现分数,应将横线改为除法运算符,所以,圆括号不能缺少。

必须注意的是,在数学中,像5×6÷4的运算结果与6÷4×5的结果相同,都是7.5,但是表达式5＊6/4却与6/4＊5的结果不一样。

2.7.3　算术表达式中数据类型的转换

在 C 中,数据类型可以转换为另一种类型。有三种类型转换的方法:自动转换、赋值转换和强制转换。下面先介绍自动转换和强制转换,关于赋值转换将在 2.6.4 小节中介绍。算术表达式中,能不能出现整型、实型和字符型的不同类型的数据运算呢? 回答是肯定的。例如,下面算术表达式的运算是允许的:

120+0.618+'u'+'A'

这里出现了整型常量、实型常量和字符型常量的混合运算。那么,结果的类型将是什么呢? 本节将介绍这方面的内容。

混合运算的过程中,按照一定的规则先将两个不同类型的数据量转换成统一的类型后再进行运算。整个转换过程是在运算时自动进行的,而且是逐步进行的。转换的原则是将低类型向高类型靠拢。即:如果两个不同类型的运算量进行运算时,则先将较低类型的运算量转换为较高类型的运算量,使两个类型一致,然后再进行运算,其结果类型是较高类型。所谓高类型是指该类型的数据占用较多的存储字节数,所谓低类型是指该类型的数据占有较少的存储字节数。例如,int 与 char 相比,int 就是高类型,而 char 就是低类型。图 2-10 描绘了这种类型的转换规则。图中描述的规则如下:

如果有一个运算量的类型是 long double,则另一个运算量也转换成 long double。

否则,如果有一个运算量的类型是 double,则另一个运算量也转换成 double。

否则,如果有一个运算量的类型是 float,则另一个运算量也转换成 float。

否则,如果有一个运算量的类型是 unsigned long int,则另一个运算量也转换成 un-signed long int。

否则,如果有一个运算量的类型是 long int,则另一个运算量也转换成 long int。

否则,如果有一个运算量的类型是 unsigned int,则另一个运算量也转换成 unsigned int。

否则,运算量都转换成 int。

由转换规则可知,short 和 char 类型一定会转换为 int 类型。

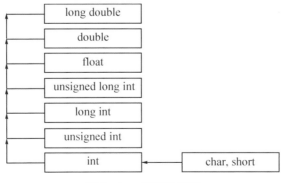

图 2-10　类型转换图

在转换中要注意几个问题:

(1)转换的过程不仅仅是自动的,而且是逐步转换的。例如,若声明:

float a=8.0; int b=8,c=10;

则对于表达式 a/(b/c)，如果不是逐步转换的话，则 a、b 和 c 统统转换为 float，那么表达式的值为 l0.0，但是如果按照逐步转换的方式，则这个表达式求值将会发生错误，因为计算 b/c 时，由于 a、b 都是 int 类型变量，不会转换为其他类型，其值应为 0，这个 0 作为分母是无意义的。

【例 2.6】考虑如下类型的变量：

char　c；　int　i；

float　f；　double　d；

试分析如下表达式运算过程中类型转换的状态：c+f+i+d

分析：根据规则，首先，char 类型的变量 c 应转换为 int，而变量 f 的类型 float 不变，然后 c 和 f 相加时，c 进而转换为 float，c+f 的结果类型为 float；然后，再与 i 变量相加时，i 转换为 float，故与 i 相加的结果类型为 float；最后在与 d 变量相加前，将结果类型转换为 double，因为 d 是 double 类型，所以，最后结果类型为 double。

由转换规则可知，除 char 和 short（包括 signed char、unsigned char、signed short、unsigned short）一定要转换成 int 外，其他的类型转换是在运算过程中根据情况逐步转换的。

（2）如果希望某一运算量转换成指定的类型，则可以使用强制类型转换符。强制类型转换符使用形式为：

（类型名）表达式

其中，"（类型名）"是强制类型转换符，它将右边表达式的类型转换为括号中的类型。

例如，(int)x 将 x 的类型转换为 int 类型。而(char)(x+y)（注意，表达式 x+y 要用括号括起来）则将表达式 x+y 的类型转换为 char 类型。

例如，设变量 c、d 的类型分别为 char 和 double，则 c+(char)d 的结果类型为 int。因为 c 自动转换为 intm，而 d 先被强制为 char，而后再自动转化为 int，故相加以后的类型为 int。

【例 2.7】执行如下程序：

```c
#include <stdio.h>
void main()
{int i,j;
    i=1;
    j=2;
    printf("i=%d,j=%f",i,(float)j);
}
```

输出结果为：i=1, j=2.000000

2.7.4　赋值运算符

1.赋值运算符和赋值表达式

赋值运算符是"="。由赋值运算符构造的表达式称为赋值表达式。赋值表达式的一般格式为：

变量＝表达式

其中,"＝"是赋值运算符(赋值号)。

下面对赋值表达式作适当说明:

(1)赋值运算符左边必须是变量而不能是表达式。例如,i+1＝i 是错误的。

(2)赋值表达式的值是赋值号左边变量被赋值后的值。赋值运算符的功能是对右边表达式求值以后再将该值送给左边的变量。左边变量的值就是整个赋值表达式的值。例如 i ＝5 的值是 5,因为左边变量 i 的值变为 5。

(3)从形式上看,赋值运算符与数学上的等号是一样的,但含义不一样。因为赋值运算符的操作是将赋值号右边的表达式值赋给左边的变量。它是单方向的传递操作。因此,尽管代数中 i=i+1 不成立,但赋值表达式 i=i+1 却是允许的。

(4)如果赋值号两边的类型不一致,则赋值时会自动进行类型转换。转换的原则是,将赋值号右边的表达式的值的类型转换成赋值号左边变量的类型。粗略地说,类型转换可能会发生存储单元的扩展或截断。如果赋值号右边的类型低于左边的类型,则将右边的类型值扩展后赋值左边,这将是一个等值的转换,如果赋值号右边的类型高于左边的类型,则赋值时右边的类型值截断后赋值左边,可能造成数据的损害。

例如:设 c、i、f、d 的类型分别为 char、int、float、double,则赋值表达式

　　i＝c+f+i+d

的类型为 int。因为不论赋值号右边的表达式的类型是什么,都要转换成与赋值号左边变量相同的类型。

(5)赋值运算可以连续进行。例如,赋值表达式 a＝b＝c＝10。由于赋值号具有从右向左的结合特性,因此,这个表达式等价于 a＝(b＝(c＝10))。经过连续赋值以后,a、b、c 的值都是 10。但最后表达式值是 a 的值。

2.复合赋值运算符

C 语言中提供了另一类赋值运算符,称为复合赋值运算符。

　　+＝　　－＝　　*＝　　/＝　　%＝

都是复合赋值运算符。它们把算术运算和赋值运算两者结合在一起作为一个复合运算符,以达到简化书写程序和提高运算效率的目的。上面 5 个复合运算符的等价形式,通过如下形式说明:

a+＝b+c	等价于	a＝a+(b+c)
a－＝b+c	等价于	a＝a－(b+c)
a*＝b+	等价于	a＝a*(b+c)
a/＝b+c	等价于	a＝a/(b+c)

a％＝b+c　　　等价于　　　a=a％(b+c)

复合运算符在书写时,两个运算符之间不能有空格,否则就是错误的。

3.赋值语句

在赋值表达式的末尾加上一个分号,就构成了一个赋值语句。例如:

　　a＝10;

　　a＝a+1;

　　s＝a＊b＊c;

　　a＝b＝c＝10;

赋值语句可以作为一个独立的语句出现在 C 程序中,而赋值表达式却不能作为一个语句出现,只能作为语句中的一个成分出现在语句中。因此,两者所处的地位不一样。

【例2.8】阅读下面的程序,指出打印的结果。

```
#include <stdio. h>
void main()
{
    char cl,c2;
    cl='a';c2='b';
    printf("cl=％c,c2=％c\n",cl,c2);
    cl+=1;c2-=1;
    printf("cl=％c,c2=％c\n",cl,c2);
}
```

分析:由于 cl、c2 定义为 char 变量,并分别赋值为 'a' 和 'b',所以第一个 printf()输出为:

cl=a,c2=b

然后,cl 的值加 1,c2 的值减 1,也就是 cl 中的字符 a 的 ASC Il 码值 97 加 1,c2 中的字符 b 的 ASCIl 码值 98 减 1,因而 cl 中的值为 98,c2 中的值为 97,cl 和 c2 的值分别　变成字符 b 和字符 a 的 ASCIl 码值。所以,第二个 printf()输出为:

cl=b,c2=a

【例2.9】写出下面程序的输出结果。

```
#include <stdio. h>
void main()
{
    int a=1,b,c;
```

```
    b=a+1;
    printf("(1)b=%d\n",b);
    a=b+1;
    printf("(2)a=%d\n",a);
    c=(a+b)/2;
    printf("(3)c=%d\n",c);
    b=c+b;
    printf("(4)b=%d\n",b);
    c+=a+b;
    printf("(5)c=%d\n",c);
}
```

变量在赋值的过程中不断更新值,赋值号右边的表达式中的变量值应是最新的值。经分析,程序的输出结果为:

(1)b=2

(2)a=3

(3)c=2

(4)b=4

(5)c=9

4.表达式的输出

使用 printf()函数可以直接输出表达式的值。表达式直接写入 printf()函数的输出数据表列中。例如,输出表达式 a+b:

```
    printf("%d",a+b);
```

又例如,下面输出复合赋值表达式:

```
    printf("%d",a+=b/=c+5);
```

2.7.5　增量运算符

C 语言的表达式中,可以使用两个与众不同的单目运算符。这两个运算符是:

++　－－

"++"称为自增运算符,"－－"称为自减运算符。它们既可以出现在运算对象的前面,如++i;又可以出现在运算对象的后面,如 i++。前者称为前缀运算符,后者称为后缀运算符。自增运算符的功能是使变量的值加 1,而自减运算符的功能是使变量的值减 1。例如,假设 i、j 的初始值都为 3,则执行++i 或 i++后,i 的值为 4;执行－－j 或 j－－后,j 的值为 2。

增量运算符所作用的运算对象只能是变量,不能是常量或由运算符构成的表达式。例如,++(x+y)、++10 都是不正确的。增量运算符作用于变量以后,与变量一起构成了一个新的表达式。由于赋值表达式的左边不允许是表达式,所以增量运算符不能出现在赋值表达式的左边,例如 i++=1 是不允许的。

在表达式中,前缀运算符和后缀运算符所起的作用不一样。前缀运算符的运算法则是:在使用变量之前,先使变量加 1(对"++"而言)或减 l(对"−−"而言);后缀运算符的运算法则是:在使用变量之后,再使变量加 1(对"++"而言)或减 l(对"−−"而言)。

例如,设 i 的值为 1,则执行赋值语句

　　j=i++;

后,j 为 1,而 i 变为 2。它等价于执行下面两个语句后的结果:

```
    j=i;                /* 先使用变量 i */
    i=i+1;              /* 变量值加 l */
```

但是,执行赋值语句

　　j=++1;

后,则 j 变为 2,i 变为 2。因为它等价于执行下列两个语句后的结果:

```
    i=i+1;              /* i 先加 l */
    j=i;                /* 然后才对 j 赋值 */
```

【例 2.10】指出下面程序执行后的结果。

```
#include<stdio. h>
void main()
{
    int i,j;
    i=3;
    printf("j=%d\n",j=i++);
    printf("i=%d\n",i);
    printf("j=%d\n",j=++i);
    printf("i=%d\n",i);
}
```

分析:第一个 printf 函数输出赋值表达式 j=i++的值,即 j 值。j 的值为 i 的值 3。当输出 j 的值以后,i 才加 l 变为 4。所以,第二个 printf()函数的输出为 i 的当前值 4。第三个 printf()函数输出赋值表达式 j=++i 的值时,先将 i 的值加 1,变为 5,然后才赋给 j,所以输出的值为 j 值 5。第四个 printf()函数输出 i 的当前值 5。经分析,执行该程序的输出结果为:

j=3

i=4

j=5

i=5

滥用++和－－会产生一些意想不到的错误。例如，设 i 的初始值是 1，则++i"的值是多少呢？按照前缀运算符的规则，必须先对 i 加 1，但第二个 i 的值是加 1 前还是加 1 后的值呢？这与编译程序的具体实现有关。不同的实现方法得出的结果不一样。所以，必须慎用这种表达式。特别是在同一个表达式中多次出现同一个变量时不要做增量运算。

2.7.6　逗号运算符和逗号表达式

到目前为止，读者接触到的逗号都是作为标点符号出现的，它起分隔作用。例如：

int a,b,c;

printf("%d%d%d",a,b,c);

C 语言中，逗号还有另一个作用——逗号运算符。用逗号运算符把两个表达式连接起来，可构成一个新的表达式：逗号表达式。例如：

a=3,b=4

就是逗号表达式。

逗号运算符具有从左到右的结合性，即先计算逗号左边的表达式的值，然后计算逗号右边的表达式的值。最后一个表达式的值就是整个逗号表达式的值。例如，上述逗号表达式的值是赋值表达式 b=4 的值 4。

逗号表达式的一般形式可以扩展为：

表达式 1，表达式 2，表达式 3……表达式 n

它的值为表达式 n 的值。

下面是多个逗号运算符构成的逗号表达式的例子：

x=(a=3,b=a+4,c=b+5,d=c+6)

上式中，先求 a=3 的值，得 a 的值 3，其次求第二个表达式的值为 7，接着求第三个表达式的值为 12，最后求第四个表达式的值为 18。整个逗号表达式的值 x 为第四个表达式的值 18。

2.7.7　运算符优先级和结合方向

表 2-5 描述了 C 语言中运算符的优先级（还有部分运算符将在以后的章节中予以介绍）。

表 2-5　C 语言的运算符

优先级	运算符	含　义	要求运算对象的个数	结合规则
1	( ) [ ] → ·	圆括号 下标运算符 指向结构体成员运算符 结构体成员运算符		自左至右
2	! ~ ++ —— — (type) * & sizeof	逻辑非运算符 按位取反运算符 自增运算符 自减运算符 负号运算符 类型转换运算符 指针运算符 地址与指针运算符 长度运算符	1 (单目运算符)	自右至左
3	* / %	乘法运算符 除法运算符 求余运算符	2 (双目运算符)	自左至右
4	+ —	加法运算符 减法运算符	2 (双目运算符)	自左至右
5	<< >>	左移运算符 右移运算符	2 (双目运算符)	自左至右
6	<　<= >　>=	关系运算符	2 (双目运算符)	自左至右
7	== !=	等于运算符 不等于运算符	2 (双目运算符)	自左至右
8	&	按位与运算符	2 (双目运算符)	自左至右
9	^	按位异或运算符	2 (双目运算符)	自左至右
10	|	按位或运算符	2 (双目运算符)	自左至右
11	&&	逻辑与运算符	2 (双目运算符)	自左至右
12	||	逻辑或运算符	2 (双目运算符)	自左至右
13	?:	条件运算符	3 (双目运算符)	自右至左
14	=　+=　—= *=　/=　% =>>=　<<= &=　^=　||=	赋值运算符	2 (双目运算符)	白右至左
15	,	逗号运算符		自左至右

本章小结

常量按其在程序中出现的形式分为字面量常量和符号常量。使用符号常量有利于程序的阅读和修改,在程序中应尽量使用符号常量。常量包括整型常量、实型常量、字符常量和字符串常量。整型常量可以用十进制数、八进制数和十六进制数表示。实型常量有两种表示形式:一种是十进制小数形式,一种是指数形式。字符常量的值依赖于所在计算机系统上使用的字符集,其值是一个编码值。因此,可以把字符常量看成整型常量。为了保证程序的易读性和可移植性,在程序中应少用或不用字符的编码值的形式。在存储字符串常量时,其末尾都被自动地加上一个空字符 NULL。注意:空字符不是空格符。

变量在使用以前必须先定义。定义变量要使用类型名关键字。定义变量以后,编译程序会根据变量的类型在适当的机会分配一定字节数的内存。本章介绍的变量的基本类型有整型变量、实型变量和字符型变量。不同机型的计算机对变量分配的存储字节数也不尽相同。

不同形式的表达式是通过不同的运算符构成的。一个常量、一个变量,都可以看成是一个表达式。表达式通过运算符可以构成更加复杂的表达式。

运算符可以分为单目运算符、双目运算符和三目运算符。

在算术表达式中,不同类型的数据量可以混合运算。混合运算时,按照一定的规则先将两个不同类型的数据量自动转换成统一的类型后再进行运算。整个转换过程是自动的而且是逐步进行的,转换的原则是由低类型转向高类型。如果希望某一运算量转换成指定的类型,则可以使用强制类型转换符。

第3章　顺序结构程序设计

【内容提要】

从程序流程的角度来看,程序可以分为三种基本结构,即顺序结构、分支结构、循环结构。顺序结构是一组按书写顺序执行的语言。本章只介绍顺序结构程序设计,顺序结构程序中的语句绝大部分由表达式语句和函数调用语句组成。C语言提供了多种语句来实现这些程序结构。本章介绍这些基本语句及其在顺序结构中的应用,使读者对C程序有一个初步的认识,为后面各章的学习打下基础。

【考点要求】

通过本章的学习,要求学生能理解C语言输入输出函数的格式及使用方法,掌握顺序结构程序的编写。

3.1　顺序结构的语句

C语言程序是由C语句构成,一个C语言程序中包含若干条C语句,每一个语句用来完成一定的功能,每一个语句以分号(;)结束。C语言的语句可以分为以下5类。

(1)控制语句。控制语句用于完成一定的控制功能。C语言中只有9种控制语句,它们是:

①if()…else…	（条件语句）
②for()…	（循环语句）
③while()…	（循环语句）
④do…while()	（循环语句）
⑤continue	（结束本次循环语句）
⑥break	（中止执行switch或循环语句）
⑦switch	（多分支选择语句）
⑧goto	（转向语句）
⑨return	（从函数返回语句）

(2)表达式语句。表达式语句由一个表达式加一个分号构成,最典型的是,由赋值表达式构成一个赋值语句。例如:

　　　a=3

是一个赋值表达式,而

　　　a=3;

是一个赋值语句。

(3)函数调用语句。函数调用语句由一个函数调用加一个分号构成,例如:

```
printf("This is a C program. ");
```

(4)空语句。空语句只有一个语句结束符";",它不执行任何操作,称为空语句。

(5)复合语句。可以用{ }把一些语句括起来构成复合语句(又称分程序)。例如下面的语句是一个复合语句。

```
{
    t=x;
    x=y;
    y=t;
}
```

注意:复合语句中最后一个语句中最后的分号不能忽略不写。

3.2　字符数据的输入输出

为了让计算机处理各种数据,首先就应该把源数据输入到计算机中;计算机处理结束后,再将目标数据以人能够识别的方式输出。C 语言没有提供专门的输入输出语句,其输入输出操作是由 C 编译系统提供的库函数来实现的。本节先介绍 putchar 函数和 getchar 函数,再介绍格式输入输出函数 printf 和 scanf。

3.2.1　putchar 函数

putchar 函数是字符输出函数,其功能是在显示器上输出单个字符。

其一般形式为:

putchar(字符变量)

例如:

putchar('A');　　　　　(输出大写字母 A)

putchar(x);　　　　　(输出字符变量 x 的值)

putchar('\101');　　　　(也是输出字符 A)

putchar('\n');　　　　　(换行)

对控制字符则执行控制功能,不在屏幕上显示。

使用本函数前必须要用文件包含命令:

　　# include <stdio. h>

或

　　# include "stdio. h"

【例 3.1】输出单个字符。

```
# include <stdio. h>
main()
{
    char a,b,c;
```

```
    a='B';b='O';c='Y';
    putchar(a)；putchar(b)；putchar(c)；putchar('\n')；
}
```

运行结果为：

BOY

用 putchar 函数可以输出能在屏幕上显示的字符，也可以输出控制字符，如 putchar('\n')的作用是输出一个换行符，使输出的当前位置移到下一行的开头。也可以输出其他转义字符，例如：

```
    putchar('\101')；        /＊输出字符 'A' ＊/
```

3.2.2　getchar 函数

getchar 函数（字符输入函数）的功能是从键盘上输入一个字符。getchar 函数没有参数，其一般格式如下：

```
    getchar()；
```

通常把输入的字符赋予一个字符变量，构成赋值语句，如：

```
    char c；
    c＝getchar()；
```

函数的值就是从输入设备得到的字符。

【例 3.2】将输入的小写字母转换成大写字母后输出。

```
#include <stdio. h>　/＊编译预处理命令：文件包含＊/
main()
{char ch1, ch2, ch3；
    ch1＝getchar()；        /＊输入小写字母分别赋给 ch1 ,ch2 ,ch3 ＊/
    ch2＝getchar()；
    ch3＝getchar()；
    ch1－＝32；            /＊将小写字母转换成大写字母 ＊/
    ch2－＝32；
    ch3－＝32；
    putchar(ch1)；putchar(ch2)；putchar(ch3)；
}
```

运行结果为：

输入 new↙

NEW

从键盘输入字符时，要求 new 连续输入再回车，如果输入 n↙ e↙ w↙，则字符 n 赋给 ch1，字符↙赋给 ch2，字符 e 赋给 ch3，就不对了。

使用 getchar 函数还应注意几个问题：

1)getchar 函数只能接受单个字符，输入数字也按字符处理。输入多于一个字符时，只接收第一个字符。

2)使用本函数前必须包含文件♯include "stdio. h"或♯include ＜stdio. h＞。

3)在 TC 屏幕下运行含本函数程序时,将退出 TC 屏幕进入用户屏幕等待用户输入。输入完毕再返回 TC 屏幕。

4)程序最后两行可用下面两行的任意一行代替:

putchar(getchar());

printf("％c",getchar());

3.3　格式输入与输出

3.3.1　printf 函数

printf 函数的作用是向计算机系统默认的输出设备(一般指终端或显示器)输出一个或多个任意类型的数据。

1.printf 函数

printf 函数的一般格式为:

printf(格式控制,输出列表);

功能:输出任何类型的数据。

例如:printf("radius＝％f", radius);

(1)格式控制:格式控制由双引号括起来的字符串,主要包括格式说明和需要原样输出的字符。

①格式说明:由"％"和格式字符组成,如％d,％f 等,作用是将要输出的数据转换为指定的格式后输出。printf 函数中使用的格式字符如表 3-1 所示。

表 3-1　printf 函数格式字符

格式字符	作　用
d 或 i	十进制整数形式带符号输出(正数不带符号)
o	八进制整数形式无符号输出(不带前缀 0)
x	无符号输出十六进制整数(不带前缀 0x),其中字母小写
X	无符号输出十六进制整数(不带前缀 0x),其中字母大写
u	十进制整数形式无符号输出
f	十进制小数形式输出单、双精度数(默认 6 位小数)
e	指数形式输出单、双精度数(默认 6 位小数)字母 e 小写
E	指数形式输出单、双精度数(默认 6 位小数)字母 E 大写
g	自动选用 f 或 e 形式,字母 e 小写
G	自动选用 f 或 e 形式,字母 E 大写
c	输出 1 个字符

格式字符	作　用
s	输出 1 个字符串
ld	长整型输出
lo	长八进制整型输出
lx	长十六进制整型输出
lu	无符号长整型输出
m 格式字符	按宽度 m 输出,右对齐
—m 格式字符	按宽度 m 输出,左对齐
m.m 格式字符	按宽度 m,n 位小数,或截取字符串前 n 个字符输出,右对齐
—m.n 格式字符	按宽度 m,n 位小数,或截取字符串前 n 个字符输出,左对齐

②普通字符。需要原样输出的字符。如"printf("radius=%f", radius);"语句中的"radius="就是普通字符。

（2）输出列表是需要输出的数据项。如果要输出的数据项多于 1 个,则相邻 2 个数据项之间用逗号分开。

注意:"格式字符串"中的格式说明,要求与"输出列表"中输出项的数据类型一致。

2.printf 函数应用举例

【例 3.3】用不同的格式输出同一变量。

```
main()
{char ch='b';
  int x=65;
  printf("ch=%c,%4c,%d\n", ch, ch, ch);
  printf("x=%d,%c\n", x, x);
}
```

运行结果为:

ch=b,□□□b,98

x=65,A

注意:在 C 语言中,整数可以用字符形式输出,字符数据也可以用整数形式输出。

【例 3.4】输出不同的数据类型的应用。

```
main()
{int a,b; float c; char ch ;
  a=123;
  b=-1;
  c=1.23;
  ch='a';
  printf("a=%d, a=%4d\n", a, a );          /*输出整数 a 的值*/
```

```
    printf("%d, %o, %x, %u\n", b, b, b, b);     /*输出b整数的值*/
    printf("%f, %6.1f\n",c,c);                  /*输出实数c的值*/
    printf("%c\n", ch);                         /*输出字符变量ch的值*/
}
```

运行结果为：

a＝123,a＝□123

－1, 177777, ffff, 65535

1.30000, □□□1.2

a

注意：

%ld 表示长整数数据,%o(小写字母 o)表示以八进制输出,%x、%X 表示以十六进制输出。

%f 表示输出单、双精度数十进制小数形式(默认 6 位小数)。

其中:%f 是以小数形式按系统默认的宽度(小数点后保留 6 位)输出实数 c,%6.1f 按指定总宽度 6 位,小数点后面 1 位输出实数 c。

3.3.2　scanf 函数

在程序中给计算机提供数据,可以用赋值语句,也可以用输入函数。scanf 函数的功能是用来输入任何类型的数据,可以同时输入多个同类型的或不同类型的数据。

1. scanf( ) 函数

scanf 函数的一般格式为

scanf(格式控制,地址表列);

"格式控制"的含义同 printf 函数,"地址表列"是由若干个地址组成的表列,可以是变量的地址,或字符串的首地址。

【例 3.5】用 scanf 函数输入数据。

```
main()
{
    int a,b,c;
    scanf("%d%d%d",&a,&b,&c);
    printf("%d,%d,%d\n",a,b,c);
}
```

运行结果为：

输入 1 2 3↙

1,2,3

其中 &a、&b、&c 中的"&"是"地址运算符",&a 指 a 在内存中的地址。上面 scanf 函数的作用是:按照 a、b、c 在内存的地址将 a、b、c 的值存进去,如图 3－1 所示。

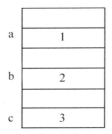

图 3-1 变量在内存中存放的情况

注意："%d%d%d"表示要按十进制整数形式输入 3 个数据。输入数据时,在两个数据之间以一个或多个空格间隔,也可以用 Enter 键或 Tab 键。

(1)格式说明

它主要有"%"和格式符组成的,如%d,%f 等,作用是将输入数据转换为指定格式后存入到由地址表所指的相应变量中。scanf 函数中使用的格式字符如表 3-2 所示。

表 3-3　scanf 函数的类型字符

格式字符	作用
d,i	输入有符号的十进制整数
u	输入无符号的十进制整数
o	输入无符号的八进制整数
X,x	输入无符号的十六进制整数(大小写作用一样)
c	输入单个字符
s	输入 1 个字符串
f	输入单精度实型数据,(可以用小数形式或指数形式)
E,e,G,g	与 f 作用相同(大小写作用一样)
lf、le、lg	输入双精度实型数据
ld、lo、lx、lu	输入长整型数据
hd、ho、hx	输入短整型数据

(2)地址表

scanf 函数中的"地址表"部分是由变量的地址组成的,如果有多个变量,则各变量之间用逗号隔开。地址运算符为"&",如变量 a 的地址可以写为 &a。

注意:

①scanf 函数中的"格式控制"后面应当是变量地址,而不应是变量名。例如:scanf("%d%d",a,b);是不对的,应改为 scanf("%d%d",&a,&b);

②如果在"格式控制"字符串中除了格式说明以外还有其他字符,则在输入数据时在对应位置应输入与这些字符相同的字符。例如:

scanf("a=%d,b=%d",&a,&b);

输入时应使用如下格式:

a=3,b=4 ↙

在用"%c"格式输入字符时,空格字符和"转义字符"都作为有效字符输入。

2.scanf 函数应用举例

【例 3.6】附加格式说明符 n(宽度)。

```
main()
{int a, b;
    char ch1,ch2;
    scanf("%2c%3c", &ch1, &ch2);
    printf("ch1=%c,ch2=%c\n", ch1, ch2);
}
```

运行结果为：

ABCDEF✓

ch1=A,ch2=C

运行该程序时，输入 ABCDEF，系统读取的"AB"中的"A"赋给变量 ch1；读取的"CDE"中的"C"赋给变量 ch2，所以，printf 函数的输出结果为：ch1=A,ch2=C。

程序中 scanf("%2c%3c", &ch1, &ch2)里"%2c%3c"中的 2 和 3 就是指定输入数据所占列数的宽度。也就是说，读取输入数据中相应的 n 位中的第一个字符，按需要的位数赋给相应的变量（此处 ch1 和 ch2 均为 char 变量，只能赋一个字符），多余部分被舍弃。

【例 3.7】"＊"号附加说明符的应用。

```
main()
{int a,b;
    scanf("%2d% * 3d%2d", &a, &b);
    printf("a=%d, b=%d\n", a, b);
}
```

运行结果为：

从键盘输入：

23□482□60✓

a=23,b=60

系统会将 23 赋值给 a 变量；然后遇到"% * 3d"表示读入 3 位整数即读取 482 但不赋给任何变量；之后再读取 60 两位整数赋值给 b 变量。也就是说跳过第 2 个数据 482。所以printf 函数的输出结果为：a=23,b=60。

3.4　顺序结构程序设计

在顺序结构程序中，各语句（或命令）是按照位置的先后次序，顺序执行的，且每个语句都会被执行到。

【例 3.8】输入任意二个整数，求它们的和及平均值，然后输出结果。

解决问题的步骤是：

第一步：输入两个数，分别放入变量 n1 和 n2 中。

第二步：对输入的数据进行处理，求和、求平均值，并将结果分别放入变量 sum 和aver 中。

第三步：输出结果。

```
main()
```

```
{int n1, n2, sum;
   float aver;
   printf("Please input two numbers:");
   scanf("%d, %d", &n1,&n2 );              /*输入二个整数*/
   sum=n1+n2;                              /*求和*/
   aver=sum/2.0;                           /*求平均值*/
   printf("n1=%d, n2=%d \n",n1, n2);
   printf("sum=%d,aver=%5.2f\n", sum, aver ); /*输出结果*/
}
```

运行结果为：

Please input two numbers：5,10↙

n1=5,n2=10

sum=15, aver=□7.50

【例3.9】交换两个变量的值。

```
#include <stdio.h>
main()
{int x, y, temp;
   scanf("%d%d", &x, &y);
   printf("x=%d,y=%d\n", x, y);
   temp=x;
   x=y;
   y=temp;
   printf("x=%d, y=%d\n",x, y);
}
```

运行结果为：

程序输入：

12 34↙

x=12, y=34

x=34, y=12

【例3.10】程序要求从键盘输入圆柱体的半径和高,计算圆柱体的侧面积和体积后并输出计算结果。

```
main()
{float radius,high,carea,volume, pi=3.14159;
   printf("请输入圆的半径:\n");
   scanf("%f", &radius);                   /*从键盘输入一个实数赋
                                             给变量radius */

   printf("请输入圆柱体的高:\n");
   scanf("%f",&high);                       /*从键盘输入一个实数赋给
                                             变量high */
```

```
    carea=2.0 * pi * radius * high;              /* 求圆柱体侧面积 */
    volume=pi * radius * radius * high;          /* 求圆柱体体积 */
    printf("radius=%f\n", radius);               /* 输出圆柱体底面半径 */
    printf("high =%f\n", high);                  /* 输出圆柱体的高 */
    printf("carea =%7.2f, volume =%7.2f\n", carea, volume);
                                                 /* 输出圆柱侧面积和体积 */
}
```

运行结果为：

请输入圆的半径:1 ↙

请输入圆柱体的高:2 ↙

radius=1.00000

high=2.00000

carea = □□12.57, volume =□□□6.28

本章小结

顺序结构是一组按书写顺序执行的语言。顺序结构程序中的语句绝大部分由表达式语句和函数调用语句组成。

C 语言中没有提供专门的输入输出语句,所有的输入输出都是由调用标准库函数中的输入输出函数来实现的。

(1)scanf 和 getchar 函数是输入函数,接收来自标准输入设备的输入数据。scanf 是格式输入函数,可按指定的格式输入任意类型数据;getchar 函数是字符输入函数,只能接收单个字符。

(2)printf 和 putchar 函数是输出函数,向标准输出设备输出数据。printf 是格式输出函数,可按指定的格式显示任意类型的数据;putchar 是字符显示函数,只能显示单个字符。

C 语言的语句可分为以下五类:

(1)表达式语句:任意表达式末尾加上分号即可构成表达式语句,常用的表达式语句为赋值语句。

(2)空语句:仅用分号组成,无实际功能。

(3)复合语句:由花括号"{ }"把多个语句括起来组成一个语句。复合语句被认为是单条语句,它可出现在所有允许出现语句的地方,如循环体等。

(4)控制语句:用于控制程序流程。由专门的语句定义符及所需的表达式组成。主要有条件判断执行语句、循环执行语句、转向语句等。

(5)函数调用语句:由函数调用加上分号即组成函数调用语句。

第4章　选择结构程序设计

【内容提要】

顺序结构程序的流程方向是自上而下顺序执行的。然而,在实际应用中常常需要根据不同的条件(即情况),执行不同的程序流程(即进行不同的处理),这就形成了所谓的选择结构。学习关系运算符和关系表达式,逻辑运算符和逻辑表达式,if语句的嵌套和switch语句。

【考点要求】

通过本章的学习,要求学生重点掌握if语句的执行过程,在此基础上,掌握if语句的嵌套的应用,掌握switch语句,并学会编写选择结构程序。

4.1　问题的引出

前面学习的知识已经可以编写一些简单的顺序结构程序,但是有些问题用顺序结构程序无法解决,例如:输入三角形的三边a,b,c,判断是否能构成三角形,若能构成三角形,则求出三角形的周长和面积。这类问题必须让计算机按给定的条件进行分析、比较和判断,并按判断后的不同情况进行不同的处理,这种情况属于选择结构程序设计。

在C语言中选择结构是用if语句实现的。if语句最常用的形式如下:

　　if(表达式)语句1;

　　else 语句2;

例如:

　　if(x>0)y=1; else y=−1;

其中"x>0"是一个关系表达式;">"是一个关系运算符。

4.2　关系运算符和关系表达式

4.2.1　关系运算符

C语言提供以下6种关系运算符:

　　<(小于)　　　<=(小于或等于)　　　>(大于)　　　>=(大于或等于)

　　==(等于)　　　!=(不等于)

在6种关系运算符中,前4种关系运算符优先级相同,后2种关系运算符优先级相同,且前4种关系运算符优先级高于后2种关系运算符优先级。

注意:

在 C 语言中,"等于"关系运算符是双等号"==",而不是单等号"="(赋值运算符)。

与其他运算符的优先级相比,关系运算符的优先级低于算术运算符,但高于赋值运算符。

c>a+b	等价于	c>(a+b)	算术运算符 ↑	(高)
a==b<c	等价于	a==(b<c)	关系运算符	
a=b>c	等价于	a=(b>c)	赋值运算符	(低)

例如:

4.2.2　关系表达式

1.关系表达式

由关系运算符将两个表达式(可以是算术表达式或关系表达式、逻辑表达式、赋值表达式、字符表达式)连接起来的式子,称为关系表达式。

例如,下面的关系表达式都是合法的。

a>b,a+b>c−d,(a=3)<=(b=5),'a'>='b',(a>b)==(b>c)

2.关系表达式的值

关系表达式的值是一个逻辑值。即"真"或"假"。由于 C 语言没有逻辑型数据,所以用整数"1"代表"真",用整数"0"代表"假"。

例如,假设 n1=3,n2=4,n3=5,则:

(1)n1>n2 的值为 0。

(2)(n1>n2)!=n3的值为 1。

(3)n1<n2<n3 的值为 1,因为 n1<n2 的值为 1,1<5 的值为 1。

(4)(n1<n2)+n3 的值为 6,因为 n1<n2 的值为 1,1+5 的值为 6。

注意:

$\qquad$ C 语言中用整数"1"表示"真",用整数"0"表示"假"。

4.3　逻辑运算符及其表达式

关系表达式只能描述单一条件,例如"x>=0"。如果需要描述"x>=0"同时"x<10",就要借助于逻辑表达式了。

4.3.1　逻辑运算符

1.逻辑运算符及其运算规则

(1)逻辑运算符

C 语言提供以下 3 种逻辑运算符:

&&　　逻辑与(相当于"同时")

||　　逻辑或(相当于"或者")

!　　逻辑非(相当于"否定")

例如,下面的表达式都是逻辑表达式。

(x>=0)&&(x<10),(x<1)‖(x>5),!(x==0)

(year%4==0)&&(year%100!=0)‖(year%400==0)

(2)运算规则

&&:当且仅当两个运算量的值都为"真"时,运算结果为"真",否则为"假"。

‖:当且仅当两个运算量的值都为"假"时,运算结果为"假",否则为"真"。

!:当运算量的值为"真"时,运算结果为"假";当运算量的值为"假"时,运算结果为"真"。

逻辑运算符的真值表如表4-1所示。

表4-1　逻辑运算符的真值表

a	b	a&&b	a‖b	!a
真	真	真	真	假
真	假	假	真	假
假	真	假	真	真
假	假	假	假	真

例如,假定x=5,则(x>=0)&&(x<10)的值为"真",(x<-1)‖(x>5)的值为"假"。

2.逻辑运算符的优先级

(1)逻辑非的优先级最高,逻辑与次之,逻辑或最低,即:

!(非)→&&(与)→‖(或)

(2)与其他运算符的优先级相比

!→算术运算→关系运算→&&→‖→赋值运算

例如:(a>b)&&(x>y)　　　　可写成 a>b&&x>y

　　　(a==b)‖(x==y)　　　可写成 a==b‖x==y

例如:设 int a=2,b;则执行 b=a==!a 语句后,b 的值是什么?

分析:先计算!a 的值为0,再计算 a==!a 的值是0,最后计算 b 的值是0。

4.3.2　逻辑表达式

1.逻辑表达式

所谓逻辑表达式是指,用逻辑运算符将1个或多个表达式连接起来,进行逻辑运算的式子。在C语言中,用逻辑表达式表示多个条件的组合。

例如:(a>b)&&(x>y)‖(a<=b)

逻辑表达式的值也是一个逻辑值(非"真"即"假")。

2.逻辑量的真假判定——0和非0

C语言中用整数"1"代表"真"、用"0"代表"假"。但在判断一个数据的"真"或"假"时,却以0和非0为根据:如果为0,则判定为"假";如果为非0,则判定为"真"。

例如,假设 num=12,则!num 的值为0,num>=1&&num<=31 的值为1,num‖num>31的值为1。

注意:

逻辑运算符两侧的操作数,除可以是0和非0的整数外,也可以是其他任何类型的数据,如实型、字符型等。

在计算逻辑表达式时,并不是所有的逻辑运算符都被执行,只有在必须执行下一个逻辑运算符才能求出表达式的解时,才执行该运算符。

对于逻辑与运算,如果第一个操作数被判定为"假",系统不再判定或求解第二操作数。

例如:(m=a>b)&&(n=c>d)

当 a=1,b=2,c=3,d=4,m 和 n 原值为 1,由于"a>b"的值为 0,因此 m=0,而"n=c>d"不执行,所以 n 的值不是 0 而仍保持原值 1。

对于逻辑或运算,如果第一个操作数被判定为"真",系统不再判定或求解第二操作数。

例如:假设 n1=5、n2=2、n3=3、n4=4、x=1、y=1,则求解表达式"(x=n1>n2)‖(y=n3>n4)"后,x 的值变为 1,而"y=n3>n4"不执行,y 的值不变,仍等于 1。

4.4　if 语句

4.4.1　if 语句

1.第一种格式

格式:if(表达式) 语句 1

功能:首先计算表达式的值,若值为"真"(非 0),则执行语句 1;表达式的值为"假"(0),则直接转到此 if 语句的下一条语句去执行。其流程图如图 4-1 所示。

(1)if 语句中的"表达式"必须用"()"括起来。

(2)当 if(表达式)后面的语句,仅由一条语句构成时,可不使用大括号,但是语句 1 由两条或两条以上语句构成,就必须用大括号"{ }"括起来构成复合语句。

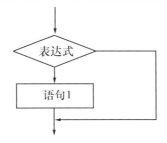

图 4-1　if 语句第一种格式流程图

【例 4.1】比较两个数,按由大到小输出。

```
main()
{int a,b,x;
    scanf("a=%d,b=%d",&a,&b);
    if(a<b)
        {x=a; a=b; b=x; }              /*交换 a 与 b 单元的内容*/
    printf("a=%d,b=%d",a,b);
}
```

第一次运行结果为：

输入 a=10,b=20 ↙

a=20,b=10

第二次运行结果为：

输入 a=30,b=5 ↙

a=30,b=5

2.第二种格式

if(表达式)

语句1；

Else

语句2；

功能：首先计算表达式的值，若表达式的值为"真"（非0），则执行语句1；表达式的值为"假"（0），则执行语句2。其流程图如图4-2所示。

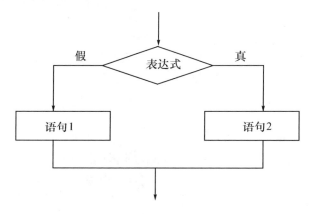

图4-2 if语句第二种格式流程图

例如：if(x>y)　　　　printf("%d",x);

　　　else　　　　　printf("%d",y);

【例4.2】输入任意三个整数 num1、num2、num3，求三个数中的最大值。

```
main()
{int num1,num2,num3,max;
  printf("Please input three numbers：");
  scanf("%d,%d,%d",&num1,&num2,&num3);
  if(num1>num2)
    max=num1;
  else
    max=num2;
  if(num3>max)
    max=num3;
```

```
printf("The three numbers are:%d,%d,%d\n",num1,num2,num3);
printf("max=%d\n",max);
}
```

运行结果为:

Please input three numbers:6 ,9 ,13 ↙

max=13

此程序首先把 num1 与 num2 中的值进行比较,两个数的大者存入 max 变量中,再把 max 与 num3 进行比较,找到其中的最大数。

3.第三种格式

if(表达式 1)语句 1

else if(表达式 2)语句 2

else if(表达式 3)语句 3

…

else if(表达式 n)语句 n

else 语句 $n+1$

执行过程如图 4-3 所示。

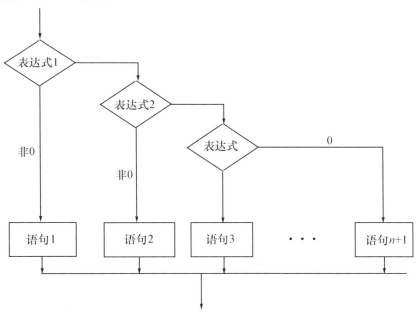

图 4-3   if 语句第三种格式流程图

```
if(score>89)                    grade='5';
else if(score >74)             grade='4';
else if(score >59)             grade='3';
else                            grade='2';
```

【例 4.3】判别某一年是否为闰年。判断闰年的条件为下面二者之一:

①能被 4 整除,但不能被 100 整除。

②能被 400 整除。

```
main()
{int year;
   printf("Please input the year:");
   scanf("%d",&year);
   if((year%4==0 && year%100!=0)||(year%400==0))
   printf("%d is a leap year. \n",year);
   else
   printf("%d is not a leap year. \n",year);
}
```

运行结果为:

输入 1989↙

1989 is not a leap year.

输入 2000↙

2000 is a leap year.

此程序首先输入一个年份,用 if 判断条件(year%4==0 && year%100!=0)||(year%400==0)先算"&&"运算,后计算"‖"运算。表示如果某年能被 4 整除,但不能被 100 整除;或者能被 400 整除,则此年为闰年,否则不是闰年。

4.4.2　if 语句的嵌套

if 语句中又包含一个或多个 if 语句称为 if 语句的嵌套。一般形式为:

```
if()
   if()语句 1
   else 语句 2
else
   if()语句 3
   else 语句 4
```

【例 4.4】if 语句的嵌套应用。

```
main()
{int a,b;
   scanf("%d%d",&a,&b);
   if(a>b)
      printf("a>b");
   else                          /* 此 else 与距离它最近的 if(a>b)配对 */
      if(a<b)printf("a<b");
```

```
    else printf("a=b");              /*此 else 与距离它最近的 if(a<b)配对 */
}
```

运行结果为：

第一次运行

输入 10□2✓

a>b

第二次运行

输入 3□8✓

a<b

在嵌套时内嵌的 if 语句既可以嵌套在 if 子句中，也可以嵌套在 else 子句中，此程序的内层的 if 语句嵌套在外层的 if 语句的 else 子句中。

注意：

if 与 else 的匹配原则：else 与距离它最近的未配对的 if 配对。

4.4.3　条件运算符

条件运算符要求有 3 个操作对象，称三目(元)运算符。条件表达式的一般格式为：

表达式 1? 表达式 2：表达式 3

如果"表达式 1"的值为非 0(即真)，则运算结果等于"表达式 2"的值；否则，运算结果等于"表达式 3"的值。

如：$x=a>b?$ a：b

当 a=2，b=1

　　$x=2$

条件运算符的优先级，高于赋值运算符，但低于关系运算符和算术运算符。其结合性为"从右到左"(即右结合性)。

例如：$x= a>b?$ a ：$(c>d?$ c：d)

当 a=1，b=2，c=3，d=4 时，

　　$x=4$

【例 4.5】从键盘上输入一个字符，如果它是大写字母，则把它转换成小写字母输出；否则，直接输出。

```
main()
{char ch;
    printf("Input a character：");
    scanf("%c",&ch);                  /*输入一个字符 */
    ch=(ch>='A' && ch<='Z')? (ch+32)：ch;  /*若是大写字母则转换成小写字
                                          母,否则直接输出 */
    printf("ch=%c\n",ch);
```

}

运行结果为：

输入 A↙

ch=a

由于大写字母的 ASCII 码值比小写字母的 ASCII 码值小 32，所以 ch+32 表示将大写字母转换成小写字母，ch−32 表示将小写字母转换成大写字母。

4.5　switch 语句

利用 if 语句的基本形式，可以实现只有两个分支的选择；利用 if 语句的嵌套形式，可以实现多分支的选择。但分支越多，则嵌套的层次就越多，导致程序冗长，而且可读性降低。因此 C 语言提供了 switch 语句直接处理多分支的选择。

1. switch 语句的一般形式

switch(表达式)

{case 常量表达式 1：语句 1；[break；]

　case 常量表达式 2：语句 2；[break；]

　……

　case 常量表达式 n：语句 n；[break；]

　[default：语句 $n+1$；[break；]

}

2. 执行过程

(1)当 switch 后面"表达式"的值，与某个 case 后面的"常量表达式"的值相同时，就执行该 case 后面的语句，当执行到 break 语句时，跳出 switch 语句，转向执行 switch 语句的下一条。若后面没有加上 break 语句，将自动转到该 case 语句的后面的语句去执行，直到遇到 switch 语句的右大括号或是遇到 break 语句为止，结束 switch 语句。

(2)如果没有任何一个 case 后面的"常量表达式"的值，与"表达式"的值匹配，则执行 default 后面的语句。然后，再执行 switch 语句的下一条。

(3)如果没有 default 部分，则将不执行 switch 语句中的任何语句，而直接转到 switch 语句后面的语句去执行。

(4)各 case 及 default 子句的先后次序，不影响程序执行结果。

(5)多个 case 子句，可共用同一语句。

(6)用 switch 语句实现的多分支结构程序，完全可以用 if 语句或 if 语句的嵌套来实现。

注意：switch 后面的"表达式"，可以是 int、char 和枚举型中的一种。每个 case 后面"常量表达式"的值，必须各不相同。

【例 4.6】从键盘上输入一个百分制成绩 score，按下列原则输出其等级：score≥90，等级为 A；80≤score<90，等级为 B；70≤score<80，等级为 C；60≤score<70，等级为 D；score<60，等级为 E。

main()

```
{int score, grade;
    printf("Input a score(0~100)： ");
    scanf("%d", &score);
    if(score>=0 && score<=100)
        {grade = score/10;                      /* 将成绩整除 10,转化成 switch 语句中的
                                                    case 标号 */
            switch(grade)
                {case 10：
                case 9：printf("grade=A\n"); break;    /* 标号 10 和 9 都执行本行语
                                                           句 */
                case 8：printf("grade=B\n"); break;
                case 7：printf("grade=C\n"); break;
                case 6：printf("grade=D\n"); break;
                default：printf("grade=E\n"); break;
                }
        }
    else
        printf("The score is out of range!\n");    /* 成绩超出范围时,提示出错 */
}
```

运行结果为：

第一次运行：

Input a score(0~100)：85 ↙

grade=B

第二次运行：

Input a score(0~100)：−60 ↙

The score is out of range!

本程序首先用 scanf() 输入分数进入 score 变量,再用 if…else 语句处理成绩超出范围时,提示出错,若成绩输入在 0<=score<=100 范围内,先做 grade = score/10;是为了得到不同的整数作为 case 后面的常量表达式,以便分成多条分支,然后再用 switch 语句进行多分支处理。

4.6　选择结构程序设计举例

【例 4.7】有一函数

$$y=\begin{cases} x & (x<1) \\ 2x-1 & (1\leqslant x<10) \\ 3x+1 & (x\geqslant10) \end{cases}$$

编写一程序,输入 x 值,输出对应的 y 值。

```
main()
{int x,y;
   printf("input x:");
   scanf("%d",&x);
if(x<1)
     y=x;
else if(x<10)     /* 此时 x≥1 在判断 x<10 则相当于满足条件(1≤x<10) */
     y=2*x-1;
     else
   y=3*x+1;          /* 前面判断 x 不小于 1,也不小于 10 即满足条件 x≥10 */
   printf("y=%d\n",y);
}
```

运行结果为:

input x:5 ↙

y=9

【例 4.8】求一元二次方程 $ax^2+bx+c=0$ 的解$(a\neq0)$。

```
#include <math.h>
main()
{float a,b,c,disc,x1,x2,p,q;
   scanf("%f,%f,%f",&a,&b,&c);   /* 输入一元二次方程的系数 a,b,c */
   disc=b*b-4*a*c;
   if(fabs(disc)<=1e-6)                              /* fabs()为绝对值函数 */
     printf("x1=x2=%7.2f\n",-b/(2*a));   /* 输出两个相等的实根 */
   else
     {if(disc>1e-6)
       {x1=(-b+sqrt(disc))/(2*a);           /* 求出两个不相等的实根 */
        x2=(-b-sqrt(disc))/(2*a);
        printf("x1=%7.2f,x2=%7.2f\n",x1,x2);
       }
     else
       {p=-b/(2*a);                              /* 求出两个共轭复根 */
        q=sqrt(fabs(disc))/(2*a);
        printf("x1=%7.2f+%7.2f i\n",p,q);   /* 输出两个共轭复根 */
        printf("x2=%7.2f-%7.2f i\n",p,q);
       }
     }
}
```

从上例程序中可以看出,由于实数在计算机中存储时,经常会有一些微小误差,判断

disc 是否为 0 的方法是通过判断 disc 的绝对值是否小于一个很小的数（例如 10^{-6}）。

本章小结

本章节学习了 if 语句的三种结构：if 结构、if－else 结构和 if－else—if 结构。在 if 语句中可以嵌套另一个 if 语句，这种形式可以使 if 语句嵌套到任意深度。switch 语句用于多路分支结构，它使得程序更加简明清晰。必须注意 switch 语句中，与 break 语句配合的用法。

第5章　　　循环结构程序设计

【内容提要】

循环结构是结构化程序设计的基本结构之一,它与顺序结构、选择结构一起构成各种复杂程序的基础。本章介绍了 while、do…while、for 三种循环语句,continue 和 break 语句以及循环的嵌套。

【考点要求】

学习本章内容时,要求重点掌握三种循环语句的基本流程,并在此基础上理解循环嵌套的应用。要求多读程序,理解编程的算法、编程的思路,并仿照例题多编程序、上机练习,真正掌握循环结构程序的设计。

5.1　goto 语句

goto 语句为无条件转向语句,其一般格式为:

　　goto 语句标号;

功能:程序执行到 goto 语句时,程序将转到语句标号指定的语句。

注意:语句标号必须用标识符表示,不能用整数作为标号。

　　　　与 if 语句一起构成循环结构。

【例 5.1】求 s=1+2+3+…+100。

```
main()
{int i=1,s=0;
   loop: if(i<=100)
           {s=s+i;
             i++;
             goto loop;
           }
   printf("s=%d\n",s);
}
```

结构化程序设计方法,主张限制使用 goto 语句。因为滥用 goto 语句,将会导致程序结构无规律、可读性差。

5.2　while 语句

while 语句用来实现"当型"循环结构。其一般格式为:

while(表达式) 语句；

当表达式的值为真值(非 0)时,执行 while 语句中内嵌语句,其执行过程如图 5-1 所示。其特点是:先判断表达式,后执行语句。

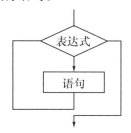

图 5-1　while 语句执行过程

①判断"表达式"的值。如果其值为非 0,则转向②;否则转③。

②执行循环体,然后转向①。

③执行 while 语句的下一条。

【例 5.2】用 while 语句求 1～100 的累加和。

```
main()
{int i=1,sum=0;
 while( i<=100 )
  {sum+= i;
   i++;
  }
  printf("sum=%d\n",sum);
}
```

运行结果为:

sum=5050

注意:

循环体如果包含一个以上的语句,应该用{ }号括起来,以复合语句形式出现。

循环体中应有使循环趋向于结束的语句。例如本例中当 i>100 时循环结束,所以在循环体内一定要有 i++语句使 i 变量增值,才能最终使 i>100 循环结束。如果无 i++语句,i 的值始终不改变,循环永不结束。

5.3　do while 语句

do…while 语句的特点是先执行循环体,然后判断循环条件是否成立。其一般格式为

　do

　　　循环体语句;

　　while(表达式);　　　　　　　　　　　　　　/* 本行的分号不能缺省 */

其执行过程如图 5-2 所示。其特点是:先执行循环体语句,然后再判断表达式。

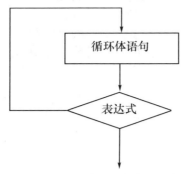

图 5-2　do while 语句执行过程

①执行循环体语句。

②判断"表达式"的值。如果其值为非 0,则转向①;否则转③。

③执行 do…while 的下一条语句。

【例 5.3】用 do…while 语句求解 1~100 的累加和。

```
main()
{int i=1, sum=0;
  do
    {sum+= i;
     i++;
    }
  while(i<=100);
  printf("sum=%d\n",sum);
}
```

运行结果为:

sum=5050

【例 5.4】while 和 do…while 循环的比较。

(1)　　　　　　　　　　　　　　　(2)

```
main()                          main()
{int s=0,i;                     {int s=0,i;
  scanf("%d",&i);                 scanf("%d",&i);
```

```
while(i<=10);
  {s=s+i;
   i++;
  }
printf("s=%d\n",s);
}
```

运行结果为：

输入 1↙

s=55

再运行一次

11↙

s=0

```
  do
    {s=s+i;
     i++;}
  while(i<=10);
  printf("s=%d\n",s);
}
```

运行结果为：

输入 1↙

s=55

再运行一次

11↙

s=11

可以看到：当输入 i 的值小于或等于 10 时，二者得到结果相同。而当 i>10 时，二者结果就不同了。这是因为此时对 while 循环来说，一次也不执行循环体，而对 do…while 循环语句来说则要执行一次循环体。while 循环是先判断，而 do…while 循环是后判断。

5.4　for 语句

在 3 种循环语句中，for 语句最为灵活，不仅可用于循环次数已经确定的情况，也可用于循环次数虽不确定、但给出了循环继续条件的情况。

for 语句的一般格式：

　　for(表达式 1;表达式 2;表达式 3)语句;

for 语句的执行过程如图 5-3 所示。

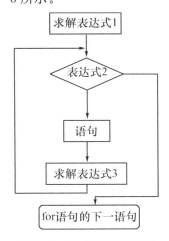

图 5-3　for 语句执行过程

①求解表达式 1。

②判断表达式 2。如果其值非 0,则执行 for 语句中指定的内嵌语句,然后执行③;否则,转至⑤。

③求解表达式 3。

④转向②继续执行。

⑤循环结束,执行 for 语句的下一条语句。

例如:for(i=1;i<=100;i++)

　　s=s+i;

的执行过程相当于以下语句:

```
i=1;
while(i<=100)
    {s=s+i;
    i++;
    }
```

显然,用 for 语句简单、方便。对于上面 for 语句的一般形式也可以改写成 while 循环的形式:

```
表达式 1;
while (表达式 2)
    {
        语句
        表达式 3;
    }
```

注意:

表达式 1、表达式 2 和表达式 3 中可以部分缺省,甚至全部缺省,但其间的分号不能省略。

循环体语句中由一条以上语句构成时必须用{ }号括起来构成一个复合语句。

【例 5.5】求 1~100 的累加和。

```
main()
{int i,sum=0;
    for(i=1; i<=100; i++)sum+= i;
    printf("sum=%d\n",sum);
}
```

运行结果为:

sum=5050

【例 5.6】求 t=1*2*3*4*5……*n。

```
main()
{int n, i;
    float t=1.0
    printf("input n:");
    scanf("%d",&n);
```

```
for(i=1;i<=n;i++)
t=t*i;
printf("t=%10.0f",t);
}
```

运行结果为：

input n：5 ↙

t=120

此程序中变量 t 中存放的是 n!，当 n 较大时，阶乘的值会很大，所以定义为 4float 型。

【例 5.7】求 s=1+1/2+1/3+……1/n。

```
main()
{int i,n;
  float s=1;
  printf("input n:");
  scanf("%d",&n);
  for(i=2;i<=n;i++)
  s=s+1.0/i;
  printf("s=%f\n",s);
}
```

运行结果为：

input n：4 ↙

s=2.083333

此程序注意求 1/2、1/3……时，如果两个操作数都是 int 型，完成的是整除运算，结果为 0，则最后 s 的值是 1，这是错误的。应使除数和被除数其中至少有一个数为实型才可以。

5.5　循环的嵌套

一个循环体内又包含另一个完整的循环结构，称为循环嵌套。

3 种循环（while、do…while、for）可以互相嵌套。例如，下面几种形式都是合法的循环嵌套形式。

```
(1)while()            (2)   while()
    {…                       {…
         while()                  do
         {…}                      {…}
    }                             while();
                             …
                        }
```

(3)do
  {…
    do
     {…}
    While();
  }

(4)for(;;)
  {…
    while()
    {…}
    …
  }

(5)for(; ;)
  {
    for(; ;)
    {…}
  }

(6)do
  {…
    for(; ;)
    {…}
  }while();

5.6   break 语句和 continue 语句

1. break 语句

一般格式为

    break;

功能:在循环中当满足特定条件时,使用 break 语句强行结束循环,转向执行循环语句的下一条语句。

【例 5.8】break 语句应用。

```
main()
{int r;
    float pi=3.14159,s;
    for(r=1;r<=10;r++)
      {s=pi*r*r;
        if(s>100)break;
        printf("r=%d,s=%f\n",r,s);
      }
}
```

运行结果为:

r=1,s=3.141590

r=2,s=12.566360

r=3,s=28.274311

r=4,s=50.265442

r=5,s=78.539749

程序的作用是计算 r=1 到 r=10 时的圆的面积,直到面积大于 100 为止。从上面的循环可以看到:当 s>100 时,执行 break 语句,提前结束循环,即不再继续执行其余的几次循环。

2. continue 语句

一般格式为：

　continue；

功能：结束本次循环，即跳过循环体中下面未执行的语句，继续进行下一次循环。

【例 5.9】将 100～200 之间的不能被 3 整除的数输出。

```
main()
{int n;
   for(n=100；n<=200；n++)
     {if(n%3==0)
       continue;
     printf("%d ",n);
     }
}
```

当 n 能被 3 整除时，执行 contonue 语句，结束本次循环，即跳过 printf 函数，进行下一次循环；当 n 不能被 3 整除时才执行 printf 函数，也进行下一次循环，直到 n>200 停止循环。

注意：break 能用于循环语句和 switch 语句中，continue 只能用于循环语句中。循环嵌套时，break 和 continue 只影响包含它们的最内层循环，与外层循环无关。

5.7　循环程序举例

【例 5.10】输出 100～200 之间的全部素数。所谓素数 n 是指，除 1 和 n 之外，不能被 2～(n-1)之间的任何整数整除。

```
main()
{int i, j, n=0;
   for(i=101；i<=200；i+=2)          /* 外循环：为内循环提供一个整数 i */
     {for(j=2；j<=i-1；j++)          /* 内循环：判断整数 i 是否是素数 */
       if(i%j==0)                    /* i 不是素数 */
         break;                      /* 强行结束内循环，执行下面的 if 语句 */
       if( j >= i)                   /* 整数 i 是素数：输出，计数器加 1 */
         {printf("%4d",i);
          n++;
         }
       if(n%10==0)printf("\n");
     }
}
```

运行结果为：

101 103 107 109 113 127 131 137 139 149

151 157 163 167 173 179 181 191 193 197

199

【例5.11】求 Fibonacci 数列的前 20 个数。该数列的生成方法为:$F_1=1$,$F_2=1$,$F_n=F_{n-1}+F_{n-2}$(n>=3),即从第 3 个数开始,每个数等于前 2 个数之和。

```
main()
{long int f1=1,f2=1;              /* 定义并初始化数列的前 2 个数 */
   int i;                         /* 定义并初始化循环控制变量 i */
   for(i=1 ; i<=10; i++)          /* 1 组 2 个,10 组 20 个数 */
     {printf("%15ld%15ld", f1, f2); /* 输出当前的 2 个数 */
       if(i%2==0)printf("\n");     /* 输出 2 次(4 个数),换行 */
       f1+= f2; f2+= f1;          /* 计算下 2 个数 */
     }
}
```

运行结果为:

1	1	23	
58	13	21	
34	55	89	144
233	377	610	987
1597	2584	4181	6765

【例5.12】用公式 $\dfrac{\pi}{4}=1-\dfrac{1}{3}+\dfrac{1}{5}-\dfrac{1}{7}+\cdots$,求 π 的近似值,直到最后一项绝对值小于 10^{-6} 为止。

```
#include <math. h>
main()
{int s;
   float n,t,pi;
   t=1;pi=0;n=1.0;s=1;
   while(fabs(t)>=1e-6)
     {
        pi=pi+t;
        n=n+2;
        s=-s;
        t=s/n;
     }
   pi=pi*4;
   printf("pi=%10.6f\n",pi);
}
```

运行结果为:

pi=□□3.141594

【例5.13】译密码。为了使电文保密,往往按一定规律将其转换成密码,收报人再按约定的规律将其译回原文。例如将 A→E,B→F,a→e 即变成其后的第 4 个字母,W 变成 A,X 变成 B,Y 变成 C,Z 变成 D 等,字母按上述规律转换,非字母字符不变。如"china!"转换为"glmre!"。

```
#include <stdio.h>
main()
{char c;
    while((c=getchar())!='\n')
        {
            if((c>='a'&&c<='z')||(c>='A'&&c<='Z'))
                {
                c=c+4;
                if(c>'Z'&&c<='Z'+4||c>'z')c=c-26;
                }
            printf("%c",c);
        }
}
```

运行结果为:

china! ↙

glmre!

本章小结

本章介绍了三种循环语句以及 break、continue、goto 语句。

for 语句是一个功能最强的循环语句。其中的表达式 1、表达式 2 和表达式 3 都可以根据情况缺省,但必须注意缺省后其功能的变化。

for 语句和 while 语句是先判断表达式后再执行循环体的循环语句。因此,有可能一次循环体也不执行。do.while 循环是先执行循环体后再判断表达式的循环语句,通常用它来完成至少执行一次循环体的操作。

在多重循环中,外循环变化慢,内循环变化快,外循环一次,内循环就要循环 n 次。break 语句用于从内循环跳到外循环,使循环提前结束。但它只能跳一层循环,不能跳多层循环。

continue 语句用于跳过其后的语句,使本轮循环提前结束。

goto 语句是违背结构程序设计的语句。只能有限制地使用 goto 语句,千万不能滥用。通常用它在多重嵌套循环中从最内层跳到最外层。

第6章　　数　组

【内容提要】

数组在程序设计中,为了处理方便,把具有相同类型的若干变量按有序的形式组织起来。这些按序排列的同类数据元素的集合称为数组。在C语言中,数组属于构造数据类型。一个数组可以分解为多个数组元素,这些数组元素可以是基本数据类型或是构造类型。因此按数组元素的类型不同,数组又可分为数值数组、字符数组、指针数组、结构数组等各种类别。本章介绍数值数组和字符数组,其余的在以后各章陆续介绍。

【学习要求】

要求学生了解一维数组和二维数组的定义、初始化、引用、输入输出方法,掌握数组的相关算法及应用。

6.1　一维数组

一维数组的本质就是相同类型的数据构成的集合。

6.1.1　一维数组的声明、引用和初始化

和基本数据类型的变量相似,使用数组变量也必须先声明后使用。

1. 数组声明的一般形式为:

类型说明符 数组名[常量表达式],……;

其中:类型说明符是任一种基本数据类型或构造数据类型。数组名是用户定义的数组标识符。方括号中的常量表达式表示数据元素的个数,也称为数组的长度。

例如:

　　int a[10];说明整型数组 a,有 10 个元素。

　　float b[10],c[20];说明实型数组 b,有 10 个元素,实型数组 c,有 20 个元素。

　　char ch[20];说明字符数组 ch,有 20 个元素。

对于数组类型声明应注意以下几点:

(1)数组的类型实际上是指数组元素的取值类型。对于同一个数组,其所有元素的数据类型都是相同的。

(2)数组名的书写规则应符合标识符的书写规定。

(3)数组名不能与其他变量名相同,例如:

void main()

{

　　int a;

```
float a[10];
    ……
}
```

是错误的。

(4)方括号中常量表达式表示数组元素的个数,如 a[5]表示数组 a 有 5 个元素。但是其下标从 0 开始计算。因此 5 个元素分别为 a[0],a[1],a[2],a[3],a[4]。

(5)不能在方括号中用变量来表示元素的个数,但是可以是符号常数或常量表达式。例如:

```
#define FD 5
void main()
{
    int a[3+2],b[7+FD];
    ……
}
```

是合法的。但是下述说明方式是错误的。

```
void main()
{
    int n=5;
    int a[n];
    ……
}
```

(6)允许在同一个类型说明中,说明多个数组和多个变量。

例如:int a,b,c,d,k1[10],k2[20];

2. 数组的引用(数组元素的表示方法)

数组元素是组成数组的基本单元。数组元素也是一种变量,其标识方法为数组名后跟一个下标。下标表示了元素在数组中的顺序号。

数组元素的一般形式为:

数组名[下标]

其中的下标只能为整型常量或整型表达式。如为小数时,C 编译将自动取整。例如,a[5],a[i+j],a[i++]都是合法的数组元素。数组元素通常也称为下标变量。必须先定义数组,才能使用下标变量。在 C 语言中只能逐个地使用下标变量,而不能一次引用整个数组。例如,输出有 10 个元素的数组必须使用循环语句逐个输出各下标变量:

for(i=0; i<10; i++)　　printf("%d",a[i]);

而不能用一个语句输出整个数组,下面的写法是错误的:printf("%d",a);

```
void main()
{
    int i,a[10];
```

```
for(i=0;i<10;)
    a[i++]=2*i+1;
for(i=9;i>=0;i--)
    printf("%d",a[i]);
printf("%d %d ",a[5.2],a[5.8]);}
```

本例中用一个循环语句给 a 数组各元素送入奇数值,然后用第二个循环语句从大到小输出各个奇数。在第一个 for 语句中,表达式 3 省略了。在下标变量中使用了表达式 i++,用以修改循环变量。当然第二个 for 语句也可以这样作,C 语言允许用表达式表示下标。程序中最后一个 printf 语句输出了两次 a[5]的值,可以看出当下标不为整数时将自动取整。

3、数组的初始化

给数组赋值的方法除了用赋值语句对数组元素逐个赋值外,还可采用初始化赋值和动态赋值的方法。数组初始化赋值是指在数组说明时给数组元素赋予初值。数组初始化是在编译阶段进行的。这样将减少运行时间,提高效率。

初始化赋值的一般形式为:

static 类型说明符 数组名[常量表达式]={初值 1,初值 2,…… };

其中:static 表示是静态存储类型,C 语言规定只有静态存储数组和外部存储数组才可作初始化赋值。在{ }中的各数据值即为各元素的初值,各值之间用逗号间隔。例如:static int a[10]={ 0,1,2,3,4,5,6,7,8,9 };相当于 a[0]=0;a[1]=1...a[9]=9;

C 语言对数组的初始赋值还有以下几点规定:

(1)可以只给部分元素赋初值。当{ }中值的个数少于元素个数时,只给前面部分元素赋值。例如:static int a[10]={0,1,2,3,4};表示只给 a[0]~a[4]5 个元素赋值,而后 5 个元素自动赋 0 值。

(2)只能给元素逐个赋值,不能给数组整体赋值。例如给十个元素全部赋 1 值,只能写为:static int a[10]={1,1,1,1,1,1,1,1,1,1};而不能写为:static int a[10]=1;

(3)如不给可初始化的数组赋初值,则全部元素均为 0 值。

(4)如给全部元素赋值,则在数组说明中,可以不给出数组元素的个数。例如:static int a[5]={1,2,3,4,5};可写为:static int a[ ]={1,2,3,4,5};动态赋值可以在程序执行过程中,对数组作动态赋值。这时可用循环语句配合 scanf 函数逐个对数组元素赋值。

```
#include <stdio.h>
void main()
{
    int i,max,a[10];
    printf("input 10 numbers: ");
    for(i=0;i<10;i++)
        scanf("%d",&a[i]);
    max=a[0];
    for(i=1;i<10;i++)
```

```
    if(a[i]>max)max=a[i];
  printf("maxmum=%d ",max);
}
```

本例程序中第一个 for 语句逐个输入 10 个数到数组 a 中。然后把 a[0]送入 max 中。在第二个 for 语句中,从 a[1]到 a[9]逐个与 max 中的内容比较,若比 max 的值大,则把该下标变量送入 max 中,因此 max 总是在已比较过的下标变量中为最大者。比较结束,输出 max 的值。

```
#include <stdio. h>
void main()
{
  int i,j,p,q,s,a[10];
printf("input 10 numbers: ");
for(i=0;i<10;i++)
    scanf("%d",&a[i]);
for(i=0;i<10;i++){
    p=i;q=a[i];
for(j=i+1;j<10;j++)
    if(q<a[j]){ p=j;q=a[j]; }
    if(i!=p)
      {s=a[i];
      a[i]=a[p];
      a[p]=s; }
    printf("%d",a[i]);
    }
}
```

本例程序中用了两个并列的 for 循环语句,在第二个 for 语句中又嵌套了一个循环语句。第一个 for 语句用于输入 10 个元素的初值。第二个 for 语句用于排序。本程序的排序采用逐个比较的方法进行。在 i 次循环时,把第一个元素的下标 i 赋于 p,而把该下标变量值 a[i]赋于 q。然后进入小循环,从 a[i+1]起到最后一个元素止逐个与 a[i]作比较,有比 a[i]大者则将其下标送 p,元素值送 q。一次循环结束后,p 即为最大元素的下标,q 则为该元素值。若此时 i≠p,说明 p,q 值均已不是进入小循环之前所赋之值,则交换 a[i]和 a[p]之值。此时 a[i]为已排序完毕的元素。输出该值之后转入下一次循环。对 i+1 以后各个元素排序。

6.1.2　一维数组的应用

【例 6.1】用数组方式解决 Fibonacci 数列问题,求出 Fibonacci 数列的前 20 项存储在数组中,并将数组内容输出。

程序清单:

```
#include <stdio.h>
void main()
{int i,fib[20]={1,1};                        /*初始化*/
  printf("\n");
  for(i=2;i<20;i++)                           /*循环18次*/
    fib[i]=fib[i-1]+fib[i-2];                 /*产生数组的每个元素值*/
  for(i=1;i<=20;i++)                          /*循环20次*/
    {printf("%10d",fib[i-1]);                 /*输出数组元素的内容*/
     if(i%5==0)printf("\n");                  /*换行,每行输出5个*/
  }
}
```

【例6.2】输入某年某月某日,计算是该年的第几天。

程序清单:

```
#include <stdio.h>
void main()
{
    int i,flag,year,month,day,dayth;
    int month_day[ ]={0,31,28,31,30,31,30,31,31,30,31,30,31};
    printf("\nPlease input year/month/day:");
    scanf("%d/%d/%d",&year,&month,&day);
    dayth=day;
    flag=(year%400==0)||(year%4==0&&year%100!=0);        /*判断闰年*/
    if(flag)
        month_day[2]=29;                     /*是闰年,2月份改为29天*/
        for(i=1;i<month;i++)
            dayth=dayth+month_day[i];         /*日期累加*/
            printf("\n%d/%d/%d is %dth day ",year,month,day,dayth);
}
```

6.2　二维数组

前面介绍的数组只有一个下标,称为一维数组,其数组元素也称为单下标变量。在实际问题中有很多量是二维的或多维的,因此C语言允许构造多维数组。多维数组元素有多个下标,以标识它在数组中的位置,所以也称为多下标变量。本小节只介绍二维数组,多维数组可由二维数组类推而得到。

6.2.1　二维数组的声明、引用和初始化

1.二维数组类型声明

二维数组类型声明的一般形式是:

类型说明符 数组名[常量表达式 1][常量表达式 2]…;

其中:常量表达式 1 表示第一维下标的长度,常量表达式 2 表示第二维下标的长度。

例如:

int a[3][4];说明了一个三行四列的数组,数组名为 a,其下标变量的类型为整型。该数组的下标变量共有 3×4 个,即:

a[0][0],a[0][1],a[0][2],a[0][3]

a[1][0],a[1][1],a[1][2],a[1][3]

a[2][0],a[2][1],a[2][2],a[2][3]

二维数组在概念上是二维的,即是说其下标在两个方向上变化,下标变量在数组中的位置也处于一个平面之中,而不是象一维数组只是一个向量。但是,实际的硬件存储器却是连续编址的,也就是说存储器单元是按一维线性排列的。如何在一维存储器中存放二维数组,可有两种方式:一种是按行排列,即放完一行之后顺次放入第二行。另一种是按列排列,即放完一列之后再顺次放入第二列。在 C 语言中,二维数组是按行排列的。即先存放 a[0]行,再存放 a[1]行,最后存放 a[2]行。每行中有四个元素也是依次存放。由于数组 a 说明为 int 类型,该类型占两个字节的内存空间,所以每个元素均占有两个字节。

2.二维数组元素的引用

二维数组的元素也称为双下标变量,其表示的形式为:

数组名[行下标][列下标]

其中:下标应为整型常量或整型表达式。例如:a[3][4]表示 a 数组有三行四列共 12 个元素。下标变量和数组说明在形式中有些相似,但这两者具有完全不同的含义。数组说明的方括号中给出的是某一维的长度,即可取下标的最大值;而数组元素中的下标是该元素在数组中的位置标识。前者只能是常量,后者可以是常量,变量或表达式。

如一个学习小组有 5 个人,每个人有三门课的考试成绩。求全组分科的平均成绩和各科总平均成绩。

成绩　　课程 姓　名	Math	C	DBase
张三	80	75	92
李四	59	63	70
王五	61	65	71
赵六	85	87	90
周七	76	77	85

可设一个二维数组 a[5][3]存放五个人三门课的成绩。再设一个一维数组 v[3]存放所求得各分科平均成绩,设变量 l 为全组各科总平均成绩。编程如下:

```c
#include <stdio.h>
void main()
{
    int i,j,s=0,l,v[3],a[5][3];
    printf("input score ");
    for(i=0;i<3;i++)
```

```
            {
            for(j=0;j<5;j++)
               {scanf("%d",&a[j][i]);
                s=s+a[j][i];}
            v[i]=s/5;
            s=0;
            }
         l=(v[0]+v[1]+v[2])/3;
         printf("math:%d c languag:%d dbase:%d ",v[0],v[1],v[2]);
         printf("total:%d ",l);
      }
```

程序中首先用了一个双重循环。在内循环中依次读入某一门课程的各个学生的成绩，并把这些成绩累加起来，退出内循环后再把该累加成绩除以 5 送入 v[i] 之中，这就是该门课程的平均成绩。外循环共循环三次，分别求出三门课各自的平均成绩并存放在 v 数组之中。退出外循环之后，把 v[0]，v[1]，v[2] 相加除以 3 即得到各科总平均成绩。最后按题意输出各个成绩。

3.二维数组的初始化

二维数组初始化也是在类型说明时给各下标变量赋以初值。二维数组可按行分段赋值，也可按行连续赋值。例如对数组 a[5][3]：

(1)按行分段赋值可写为 static int a[5][3]={ ,,,, };

(2)按行连续赋值可写为 static int a [5][3]={ 80,75,92,61,65,71,59,63,70,85,87,90,76,77,85 };

这两种赋初值的结果是完全相同的。

```
#include <stdio. h>
void main()
{
   int i,j,s=0,l,v[3];
   static int a[5][3]={ ,,,, };
   for(i=0;i<3;i++)
     {for(j=0;j<5;j++)
          s=s+a[j][i];
       v[i]=s/5;
     s=0;
   }
   l=(v[0]+v[1]+v[2])/3;
   printf("math:%d c languag:%d dbase:%d ",v[0],v[1],v[2]);
   printf("total:%d ",l);
}
```

对于二维数组初始化赋值还有以下说明：

(1) 可以只对部分元素赋初值,未赋初值的元素自动取 0 值。

例如:int a[3][3]={{1},{2},{3}};是对每一行的第一列元素赋值,未赋值的元素取 0 值。赋值后各元素的值为:

1 0 0

2 0 0

3 0 0

int a[3][3]={{0,1},{0,0,2},{3}};

赋值后的元素值为:

0 1 0

0 0 2

3 0 0

(2) 如对全部元素赋初值,则第一维的长度可以不给出。

例如:int a[3][3]={1,2,3,4,5,6,7,8,9};

可以写为:int a[ ][3]={1,2,3,4,5,6,7,8,9};

(3) 数组是一种构造类型的数据。二维数组可以看作是由一维数组的嵌套而构成的。设一维数组的每个元素都又是一个数组,就组成了二维数组。当然,前提是各元素类型必须相同。根据这样的分析,一个二维数组也可以分解为多个一维数组。C 语言允许这种分解。

如二维数组 a[3][4],可分解为三个一维数组,其数组名分别为:

a[0]

a[1]

a[2]

对这三个一维数组不需另作说明即可使用。这三个一维数组都有 4 个元素,例如:一维数组 a[0] 的元素为 a[0][0],a[0][1],a[0][2],a[0][3]。

必须强调的是,a[0],a[1],a[2] 不能当作下标变量使用,它们是数组名,不是一个单纯的下标变量。

6.2.2　二维数组的应用

【例 6.3】将用二维数组 a 表示的矩阵转置存入 b 中,输出 a 和 b。

说明:矩阵转置即数组下标行变列,列变行。

程序清单:

```
#include <stdio.h>
void main()
{
    int i,j,b[2][3];
    int a[3][2]={{1,2},{3,4},{5,6}};        /*初始化*/
    for(i=0;i<2;i++)
    {
```

```
    for(j=0;j<3;j++)
        b[i][j]=a[j][i];
    }
    printf("\n matrix a \n");
    for(i=0;i<3;i++)
      {for(j=0;j<2;j++)
        printf("%5d",a[i][j]);
        printf("\n");                    /*每输出一行换行*/
      }
    printf("\n matrix b \n");
    for(i=0;i<2;i++)
      {for(j=0;j<3;j++)
        printf("%5d",b[i][j]);
        printf("\");                     /*每输出一行换行*/
      }
}
```

【例6.4】编写程序模拟掷骰子(假设骰子有六面),投掷一个骰子1000次,记录投掷每一面的次数。

程序清单:

```
#include <stdio.h>
#include <stdlib.h>
#include <time.h>
void create(int sum[ ])
{int i,j;
    time_t t;                            /*定义时间变量*/
    srand((unsigned)time(&t));           /*产生随机数种子*/
    for(i=0;i<1000;i++)                  /*循环1000次*/
      {j=rand()%6;                       /*产生掷骰子的结果*/
        sum[j]++;                        /*相应的计数器加1*/
      }
}
void show(int sum[ ])
{int i;
    for(i=0;i<6;i++)                     /*输出结果*/
      printf("\n s[%d]= %d",i,sum[i]);
}
void main()
```

```
{
    int s[6]={0};                       /*定义含有6个计数器的数组*/
    create(s);                          /*调用函数生成数组内容*/
    show(s);                            /*显示数组*/
}
```

【例6.5】输入100个学生的成绩,对这些成绩进行排序,输出排序之前和排序之后的结果。

程序清单:

```
#include <stdio.h>
#define SIZE 100
void accept_array(int a[ ],int size);      /*函数说明*/
void sort(int a[ ],int size);              /*函数说明*/
void show_array(int a[ ],int size);        /*函数说明*/
void main()
{
    int score[SIZE];                       /*定义一个数组*/
    accept_array(score,SIZE);              /*函数调用,读成绩*/
    printf("Before sorted:");
    show_array(score, SIZE);               /*函数调用,输出排序之前的成绩*/
    sort(score, SIZE);                     /*函数调用,排序*/
    printf("After sorted:");
    show_array(score,SIZE);                /*函数调用,输出排序之后的成绩*/
}
void accept_array(int a[ ],int size)       /*读数组内容的函数定义*/
{
    int i;
    printf("\nPlease enter %d score:",size);   /*提示用户输入size个成绩*/
    for(i=0;i<size;i++)                    /*循环读每个成绩*/
        scanf("%d",&a[i]);
}
void show_array(int a[ ],int size)         /*显示数组内容的函数定义*/
{
    int i;
    for(i=0;i<size;i++)                    /*循环显示每个成绩*/
        printf("%2d",a[i]);
    printf("\n");
}
void sort(int a[ ],int size)               /*排序的函数定义*/
{int i,min_a,j,temp;
```

```
    for(i=0;i<size;i++)
      {
          min_a=i;
    for(j=i;j<size;j++)
              if(a[j]<a[min_a])
                 min_a=j;
      temp=a[min_a];
      a[min_a]=a[i];
      a[i]=temp;
      }
  }
```

6.3　字符串与字符串函数

6.3.1　字符数组

字符数组就是定义一个数据类型是字符型的数组。

例如：char str[10];

定义了一个字符型的一维数组，它与其他数据类型的数组并无区别。

字符数组的初始化可以这样写：

char str[10]={ 'H', 'e', 'l', 'l', 'o'};

char str[ ]={ 'H', 'e', 'l', 'l', 'o'};

【例6.6】编写程序以 $ 符号为终止符号接收一组字符，并逆序输出这组字符。

```
#include <stdio.h>
void main()
{
  char c[80];
  int i;
  puts("Please input a string ended with $ :");
  for(i=0;(c[i]=getchar())!='$';i++);          /* 读入一组字符 */
  for(i--; i>=0;i--)                    /* 从最后一个字符开始逆向输出 */
    putchar(c[i]);
}
```

6.3.2　字符串变量

(1)C语言的字符串变量从形式上还是定义一个字符数组，但是，在概念上，字符串是带有字符串结束符 '\0' 的一组字符，不论它是常量还是变量。

(2)用 '\0' 来判断字符串的结束位置 。

字符串变量需要用字符串常量对其进行初始化。

例如：

　　char str[ ]＝{"Hello"}；

　　char str[ ]＝"Hello"；

用上面两种方式初始化 str 以后，str 字符串变量所占的内存空间是 6 字节，最后一个字节是字符串结束标志 '\0'。

6.3.3　字符串变量的输入与输出

字符串变量的输入与输出可以使用两对输入输出函数。

(1)printf 函数和 scanf 函数

(2)puts 函数和 gets 函数

(1)printf 函数和 scanf 函数

【例 6.7】使用 printf 函数和 scanf 函数的实例。

```
#include <stdio.h>
void main()
{char str[10];                          /*定义字符串变量*/
    scanf("%s",str);                     /*接收字符串*/
    printf("%s",str);                    /*使用转换字符序列%s输出字符串*/
}
```

运行结果：

若输入

Welcome　you↙

输出为

Welcome

【例 6.8】请判断下面程序的运行结果：

```
#include <stdio.h>
void main()
{char str[10]= { 'H', 'e', 'l', 'l', 'o', '!','\0', '!'};
    printf("%s",str);
}
```

运行结果：

Hello!

(2)字符串输出函数　puts()

其调用格式为：puts(字符串变量)；

【例 6.9】使用 puts()字符串输出函数。

```
#include <stdio.h>
void main()
{char str[ ]="Hello";
```

```
      puts(str);
}
```

运行结果：

Hello


```
#include <stdio.h>
void main()
{char str[ ]="Hello";
   printf("%s",str);
   printf("%s",str);
}
```

运行结果：??

```
#include <stdio.h>
void main()
{
   char str[ ]="Hello";
   puts(str);
   puts(str);
}
```

运行结果：??

(2)字符串输入函数 gets

其调用格式为：gets(字符串变量)；

【例6.10】使用 gets()字符串输入函数。

```
#include <stdio.h>
void main()
{char str[20];                    /*定义一个字符数组*/
   gets(str);                     /*从键盘接收一行字符*/
   puts(str);                     /*输出一行字符*/
}
```

运行结果：

若输入

Welcome   you↙

则输出

Welcome   you

6.3.4　常用字符串函数

1. 字符串连接函数 strcat

调用格式为：

strcat(字符串变量 1,字符串 2)

功能：将字符串 2 的字符串连接到字符串 1 中的字符串的后面,并删去字符串变量 1 中的字符串结束符 '\0'。

strcat 的返回值是字符串变量 1 的首地址。

【例 6.11】字符串连接函数的使用。

```
#include <stdio.h>
#include<string.h>
void main()
{
    char str1[30]="I am ";              /*定义字符串变量 1*/
    char str2[10]=" a student";         /*定义字符串变量 2*/
    strcat(str1,str2);                  /*调用系统提供的字符串连接函数*/
    puts(str1);                         /*输出连接以后的结果*/
}
```

运行结果：

I am a student

【例 6.12】自定义字符串连接函数。

```
#include <stdio.h>
void strcat_s(char str1[ ],char str2[ ])
{int i=0,j=0;
    while(str1[i]!= '\0')               /*找到第一个字符串结束符的位置*/
        i++;
    while(str2[j]!= '\0')
        {str1[i]=str2[j];
            i++;j++;
        }
    str1[i]='\0';                       /*在第一个字符串的后面加上结束符*/
}
void main()
{char str1[30]="I am ";                 /*定义字符串变量 1*/
    char str2[10]= " a student";        /*定义字符串变量 2*/
    strcat_s(str1,str2);                /*调用自定义的字符串连接函数*/
    puts(str1);                         /*输出连接以后的结果*/
}
```

2.字符串拷贝函数 strcpy

调用格式为：

strcpy(字符串变量 1,字符串 2)

功能：将字符串 2 复制到字符变量 1 中。字符串结束符 '\0' 也一起复制。字符串 2 既可以是字符串常量也可以是字符串变量。

【例 6.13】使用函数 strcpy 将一个字符串的内容拷贝到另一个字符串中。

```
#include <stdio. h>
#includ<string. h>
void main()
{
    char str1[30]="I am ";          /*定义字符串变量1*/
    char str2[10]= "a student";     /*定义字符串变量2*/
    strcpy(str1,str2);              /*调用系统提供的字符串拷贝函数*/
    puts(str1);                     /*输出拷贝以后的结果*/
}
```

运行结果：

a student

【例 6.14】自定义字符串拷贝函数。

```
#include <stdio. h>
#include <string. h>
void strcpy_s(char str1[ ],char str2[ ])          /*自定义的字符串拷贝函数*/
{int i=0;                          /*下标从0开始*/
    while(str2[i]!='\0')           /*str2[i]不是字符串终止符*/
        {str1[i]= str2[i];         /*拷贝*/
          i++;
        }
    str1[i]= '\0';                 /*加字符串终止符号*/
}
void main()
{char str1[30]="I am ";           /*定义字符串变量1*/
    char str2[10]= "a student";   /*定义字符串变量2*/
    strcpy_s(str1,str2);          /*调用自定义的字符串拷贝函数*/
    puts(str1);                   /*输出拷贝以后的结果*/
}
```

3. 字符串比较函数 strcmp

调用格式为：strcmp(字符串 1,字符串 2)

功能：按照 ASCII 码顺序比较两个数组中的字符串,并由函数返回值返回比较结果。

若字符串 1=字符串 2,返回值为 0;

若字符串 1>字符串 2,返回值为一正整数;

若字符串 1<字符串 2,返回值为一负整数。

字符串 1 和字符串 2 既可以是字符串常量也可以是字符串变量。

【例 6.15】使用函数 strcmp 比较两个字符串的大小。

```
#include <stdio. h>
#include <string. h>
void main()
{
    char str1[10]= "Student";          /*定义字符串变量 1*/
    char str2[10]= "student";          /*定义字符串变量 2*/
    char str3[10]= "student";          /*定义字符串变量 3*/
    char str4[10]= "student";          /*定义字符串变量 4*/
    printf("\n%d %d ",strcmp(str1,str2),strcmp(str2,str3));
    printf("\n%d %d ",strcmp(str3,str4),strcmp(str2,str4));
                                       /*调用系统提供的字符串比较函数*/
}
```

运行结果:

−1　　　−1

1　　　　0

【例 6.16】自定义函数两个字符串的大小

```
#include <stdio. h>
#include <string. h>
int strcmp_s(char str1[ ],char str2[ ])
                                          /*自定义的字符串拷贝函数*/
{int flag=0;                              /*flag 初值为 0,假设两个字符串相等*/
  int i=0;                                /*下标从 0 开始*/
  while(str1[i]!= '\0' || str2[i]!= '\0') /*两个字符串均没有结束时*/
    {if(str1[i]>str2[i])                  /*字符串 1 的当前字符大于字符串 2 的当前字符*/

    {flag=1; break;}                      /*flag 赋为 1,字符串 1 大于字符串 2 并跳出循环*/

    else if(str1[i]<str2[i])              /*字符串 1 的当前字符小于字符串 2 的当前字符*/

      {flag=−1;break;}                    /*flag 赋为−1,字符串 1 小于字符串 2 并跳出循环*/

    i++;
```

```
                }
        if(flag==0)                              /*如果循环结束时 flag 的值仍为 0 */
        {if(str1[i]!= '\0')                       /*如果 str1[i]不是结束符*/
              flag=1;                             /*则 str1 大，flag 赋为 1 */
        else if(str2[i]!= '\0')                   /*否则如果 str2[i]不是结束符*/
              flag=-1;                            /*则 str2 大，flag 赋为-1 */
        }
        return flag;
     }
     void main()
     {char str1[10]= "Student";                   /*定义字符串变量 1*/
     char str2[10]= "student";                    /*定义字符串变量 2*/
     char str3[10]= "student ";                   /*定义字符串变量 3*/
     char str4[10]= "student";                    /*定义字符串变量 4*/
     printf("\n%d %d ",strcmp_s(str1,str2),strcmp_s(str2,str3));
     printf("\n%d %d ",strcmp_s(str3,str4),strcmp_s(str2,str4));
                                                  /*调用自定义的字符串比较函数*/
     }
```

4. 求字符串长度函数 strlen

调用格式为：

strlen(字符串)

功能是：计算字符串的实际长度(不含字符串结束标志 '\0')，并将计算结果作为函数值返回。

【例 6.17】使用函数 strlen 计算字符串的长度并输出。

```
#include <stdio. h>
#include <string. h>
void main()
{
    char str[ ]="student";
    printf("The length of the string is %d\n",strlen(str));
}
```

运行结果：

The length of the string is 7

本章小结

(1)数组是一组具有相同数据类型的数据单元,而且它们具有有相同的名字、并在存储器中连续存放。使用数组的目是要在内存中存储大量的数据。

(2)数组可以是一维的,二维的或多维的。

(3)数组类型说明由类型说明符、数组名、数组长度(数组元素个数)三部分组成。数组元素又称为下标变量。数组的类型是指下标变量取值的类型。

(4)对数组的赋值可以用数组初始化赋值,输入函数动态赋值和赋值语句赋值三种方法实现。对数值数组不能用赋值语句整体赋值、输入或输出,而必须用循环语句逐个对数组元素进行操作。

(5)C 语言规定数组名本身代表数组的首地址。

(6)对二维数组元素的操作一般使用二重循环。

(7)调用函数的实参是数组名,则被调用函数的形式参数也应该是数组类型。尤为重要的是,实参传给形参的是一组空间的首地址。调用函数与被调用函数存取的将是相同的一组空间。

(8)字符串是带有字符串结束符 '\0' 的一组字符,不论它是常量还是变量。有了 '\0' 标志以后,在处理字符数据时,就不必再用数组的长度来控制对字符数组的操作,而是用 '\0' 的来判断字符串的结束位置。这是字符串变量与其他类型的数组(包括一般的字符数组)在操作上的根本区别。

(9)使用字符串处理函数时,要在头文件中加入 string. h。

第7章　　　函　数

【内容提要】

在第一章中已经介绍过,C 源程序是由函数组成的。函数是 C 源程序的基本模块,通过对函数模块的调用实现特定的功能。函数的主要作用是用来完成重复任务的。C 语言中的函数相当于其他高级语言的子程序。C 语言不仅提供了极为丰富的库函数(如 Turbo C,MSC 都提供了三百多个库函数),还允许用户建立自己定义的函数。用户可把自己的算法编成一个个相对独立的函数模块,然后用调用的方法来使用函数。可以说 C 程序的全部工作都是由各式各样的函数完成的,所以也把 C 语言称为函数式语言。由于采用了函数模块式的结构,C 语言易于实现结构化程序设计。使程序的层次结构清晰,便于程序的编写、阅读、调试。

【学习要求】

本章要求学生重点掌握函数的定义、声明和调用。函数参数的传递既是重点也是本章的难点;基本掌握函数的嵌套和递归调用。了解变量的动态存储和静态存储的概念和特点。

7.1　函数基础

在 C 语言中,程序从主函数 main 开始执行,到 main 函数结束处终止执行。其他函数在由 main 函数、其他的函数或自身进行调用后方能执行。

7.1.1　使用函数的目的

(1)为了方便地使用其他人编写的代码;

(2)为了在新的程序中使用自己编写过的代码;

(3)为了通过这种方式将一个大型程序分割成小块的程序。

7.1.2　函数的分类

在 C 语言中可从不同的角度对函数分类。

1. 从函数定义的角度看,函数可分为库函数和用户定义函数两种。

(1)库函数

由 C 系统提供,用户无须定义,也不必在程序中作类型说明,只需在程序前包含有该函数原型的头文件即可在程序中直接调用。在前面各章的例题中反复用到 printf 、scanf 、getchar 、putchar、gets、puts、strcat 等函数均属此类。

(2)用户定义函数

由用户按需要写的函数。对于用户自定义函数,不仅要在程序中定义函数本身,而且在主调函数模块中还必须对该被调函数进行类型说明,然后才能使用。

2. C 语言的函数兼有其他语言中的函数和过程两种功能,从这个角度看,又可把函数分为有返回值函数和无返回值函数两种。

(1)有返回值函数

此类函数被调用执行完后将向调用者返回一个执行结果,称为函数返回值。如数学函数即属于此类函数。由用户定义的这种要返回函数值的函数,必须在函数定义和函数说明中明确返回值的类型。

(2)无返回值函数

此类函数用于完成某项特定的处理任务,执行完成后不向调用者返回函数值。这类函数类似于其他语言的过程。由于函数无须返回值,用户在定义此类函数时可指定它的返回为“空类型”,空类型的说明符为“void”。

3. 从主调函数和被调函数之间数据传送的角度看又可分为无参函数和有参函数两种。

(1)无参函数

函数定义、函数说明及函数调用中均不带参数。主调函数和被调函数之间不进行参数传送。此类函数通常用来完成一组指定的功能,可以返回或不返回函数值。

(2)有参函数

也称为带参函数。在函数定义及函数说明时都有参数,称为形式参数(简称为形参)。在函数调用时也必须给出参数,称为实际参数(简称为实参)。进行函数调用时,主调函数将把实参的值传送给形参,供被调函数使用。

4. C 语言提供了极为丰富的库函数,这些库函数又可从功能角度作以下分类。

(1)字符类型分类函数

用于对字符按 ASCII 码分类:字母,数字,控制字符,分隔符,大小写字母等。

(2)转换函数

用于字符或字符串的转换;在字符量和各类数字量(整型,实型等)之间进行转换;在大、小写之间进行转换。

(3)目录路径函数

用于文件目录和路径操作。

(4)诊断函数

用于内部错误检测。

(5)图形函数

用于屏幕管理和各种图形功能。

(6)输入输出函数

用于完成输入输出功能。

(7)接口函数

用于与 DOS,BIOS 和硬件的接口。

(8)字符串函数

用于字符串操作和处理。

（9）内存管理函数

用于内存管理。

（10）数学函数

用于数学函数计算。

（11）日期和时间函数

用于日期,时间转换操作。

（12）进程控制函数

用于进程管理和控制。

（13）其他函数

用于其他各种功能。

以上各类函数不仅数量多,而且有的还需要硬件知识才会使用,因此要想全部掌握则需要一个较长的学习过程。应首先掌握一些最基本、最常用的函数,再逐步深入。由于篇幅关系,本书只介绍了很少一部分库函数,其余部分读者可根据需要查阅有关手册。

还应该指出的是,在 C 语言中,所有的函数定义,包括主函数 main 在内,都是平行的。也就是说,在一个函数的函数体内,不能再定义另一个函数,即不能嵌套定义。但是函数之间允许相互调用,也允许嵌套调用。习惯上把调用者称为主调函数。函数还可以自己调用自己,称为递归调用。main 函数是主函数,它可以调用其他函数,而不允许被其他函数调用。因此,C 程序的执行总是从 main 函数开始,完成对其他函数的调用后再返回到 main 函数,最后由 main 函数结束整个程序。一个 C 源程序必须有,也只能有一个主函数 main。

函数定义、函数说明及函数调用是程序员使用自定义函数的基础,以下重点说明。

7.2　函数的定义

7.2.1　函数定义的形式

函数定义的形式有两种:无参函数和有参函数。

1.无参函数的一般形式

函数返回值的类型说明符 函数名（）

{

   类型说明 ;

   语句 ;

}

其中类型说明符和函数名称为函数头。类型说明符指明了本函数的类型,函数的类型实际上是函数返回值的类型。该类型说明符与第二章介绍的各种说明符相同。函数名是由用户定义的标识符,函数名后有一个空括号,其中无参数,但括号不可少。{}中的内容称为函数体。在函数体中也有类型说明,这是对函数体内部所用到的变量的类型说明。在很多情况下都不要求无参函数有返回值,此时函数类型符可以写为 void。

我们可以改为一个函数定义：

void Hello()

{

　　printf("Hello,world ");

}

这里，只把 main 改为 Hello 作为函数名，其余不变。Hello 函数是一个无参函数，当被其他函数调用时，输出 Hello world 字符串。

2. 有参函数的一般形式

函数返回值的类型说明符 函数名(形式参数表)

形式参数类型说明 ；

{

　　类型说明 ；

　　语句；

}

有参函数比无参函数多了两个内容，其一是形式参数表，其二是形式参数类型说明。在形参表中给出的参数称为形式参数，它们可以是各种类型的变量，各参数之间用逗号间隔。在进行函数调用时，主调函数将赋予这些形式参数实际的值。形参既然是变量，当然必须给以类型说明。例如，定义一个函数，用于求两个数中的大数，可写为：

int max(a,b)

int a,b;

{

　　if(a>b)return a;

　　else return b;

}

第一行说明 max 函数是一个整型函数，其返回的函数值是一个整数。形参为 a,b。第二行说明 a,b 均为整型量。a,b 的具体值是由主调函数在调用时传送过来的。在{}中的函数体内，除形参外没有使用其他变量，因此只有语句而没有变量类型说明。上边这种定义方法称为"传统格式"。这种格式不易于编译系统检查，从而会引起一些非常细微而且难于跟踪的错误。ANSI C 的新标准中把对形参的类型说明合并到形参表中，称为"现代格式"。

例如 max 函数用现代格式可定义为：

int max(int a,int b)

{

　　if(a>b)return a;

　　else return b;

}

现代格式在函数定义和函数说明(后面将要介绍)时，给出了形式参数及其类型，在编译时易于对它们进行查错，从而保证了函数说明和定义的一致性。例 1.3 即采用了这种现代格式。在 max 函数体中的 return 语句是把 a(或 b)的值作为函数的值返回给主调函数。有返回值函数中至少应有一个 return 语句。在 C 程序中，一个函数的定义可以放在任意位置，既可放在主函数 main 之前，也可放在 main 之后。例如例1.3 中定义了一个 max 函数，其位置在 main 之后，也可以把它放在 main 之前。

修改后的程序如下所示。

```
int max(int a,int b)
{
    if(a>b)return a;
    else return b;
}
void main()
{
    int max(int a,int b);
    int x,y,z;
    printf("input two numbers：");
    scanf("%d%d",&x,&y);
    z=max(x,y);
    printf("maxmum=%d",z);
}
```

现在我们可以从函数定义、函数说明及函数调用的角度来分析整个程序，从中进一步了解函数的各种特点。程序的第 1 行至第 5 行为 max 函数定义。进入主函数后，因为准备调用 max 函数，故先对 max 函数进行说明（程序第 8 行）。函数定义和函数说明并不是一回事，在后面还要专门讨论。可以看出函数说明与函数定义中的函数头部分相同，但是末尾要加分号。程序第 12 行为调用 max 函数，并把 x,y 中的值传送给 max 的形参 a,b。max 函数执行的结果(a 或 b)将返回给变量 z。最后由主函数输出 z 的值。

【例 7.1】编写一个函数实现求 x^n。

1. 使用现代格式

```
double power(double x,int n)
{
    double p;                    /*定义变量*/
    if(n>0)                      /*判断 n 的值*/
    for(p=1.0;n>0;n--)           /*循环求 x 的 n 次方*/
        p=p*x;
    else
        p=0;                     /*如果 n 小于等于0,p 取 0*/
    return(p);                   /*返回值*/
}
```

2. 使用传统格式

```
double power(x,n)
```

```
double x;
int n;
{double p;                              /*定义变量*/
if(n>0)                                 /*判断 n 的值*/
   for  (p=1.0;n>0;n--)                 /*循环求 x 的 n 次方*/
     p=p*x;
else
     p=1.0;                             /*如果 n 小于等于 0,p 取 0*/
return(p);                              /*返回值*/
}
```

函数定义中的函数体是用花括号括起来的语句。在函数体中,数据说明要放在执行语句的前面。函数体可以是空的,称为空函数。

有一点需要强调:函数定义中不能包含另一个函数的定义。也就是说,函数定义不能嵌套。在 C 语言中,函数定义是并列的关系,不能一个包含另一个。

例如,下面的定义是错误的,该程序试图在 print 函数定义中定义另一个函数 prnline。

```
void print()
{
   putchar('*');
   void prnline()                       /*错误*/
     {
        putchar('\n');
     }
}
```

7.2.2　函数的返回值

模块程序设计思想中的子程序一般分为两种,一种是带返回值的,称为函数;另一种是不带返回值的,称为过程。但是在 C 语言中并不区分子程序是函数还是过程,而是将函数分为带返回值的函数和不带返回值函数两种。如果一个函数带返回值,此类函数必须使用显式的返回语句(return)向调用者返回一个结果,称为函数返回值。如果用户定义的函数需要返回函数值,必须在函数定义中明确指定返回值的数据类型。

注意:

(1)return(表达式);和 return 表达式;都是正确的。

(2)带返回值的函数只能返回一个值。

(3)在函数定义时,允许使用多个 return 语句,但是应尽量在末尾使用一个 return 语句。

(4)return 语句中的表达式与函数的返回值类型不匹配时,以函数定义时的返回类型为准。

7.2.3　函数的形式参数

函数定义时的参数可有可无,若有超过一个以上的参数要用逗号分隔,在函数定义时的参数叫形式参数,简称为形参。有形式参数的函数称为有参函数,无形式参数的函数称为无参函数。被调用者的形式参数用于记录调用者实际参数的值。

7.3　函数的说明

函数说明的其一般形式为:

函数返回值的数据类型说明符　被调用函数名(形参表);

括号内的形参表可以给出形参的数据类型名和形参名,也可以只给出形参的类型名。

函数说明的目的是使编译系统知道被调用函数返回值的类型以及参数的类型,从而可以在调用函数中按照相应的类型对作一定的处理。

```
#include <stdio.h>
void print();                          /* 函数说明 */
void main()
{
int i;
  for(i=0;i<2;i++)
     print();                          /* 函数调用 */
  putchar(\n');
}
void print()                           /* 函数定义 */
{
putchar('*');
}
```

函数说明语句的位置应该在函数定义之前。函数说明语句既可以置于函数外,可以在置于函数内。

在C语言中,并不需要在任何情况下都必须对函数进行函数说明,可以省略对被调用函数的函数说明有两种情况。

(1)被调用函数的函数定义出现在调用它的函数之前。

(2)对C编译提供的库函数的调用不需要再作函数说明,但必须把该函数的头文件用#include命令包含在源程序的最前面。

7.4　函数的调用

函数调用的一般形式前面已经出现过,在程序中是通过对函数的调用来执行函数体的,其过程与其他语言的子程序调用相似。

7.4.1　函数调用形式

函数调用的语法形式是：

被调用函数的函数名(参数表达式 1,参数表达式 2,……参数表达式 n);

其中参数表达式的个数与函数定义的个数、数据类型都应该匹配,若不匹配可能会出现预料不到的结果。此时的参数叫实参。如果被调用函数是无参函数,也不要忘记书写圆括号。

7.4.2　函数的调用方式

(1)函数调用形式出现在表达式中。这种方式要求函数是带返回值的。

例如,j=5 * squre(i);

(2)函数调用形式作为独立的语句出现。这种情况下,函数一般不带返回值。

例如:print();

(3)函数调用形式作为另一个函数的实参出现。函数必须是有返回值的。

例如:printf("%d　%f", squre(j),power(3.0,j));

7.4.3　嵌套调用

在 C 语言中,函数是并列的、独立的一个一个模块,通过调用与被调用相关联。在一个函数定义中不可以定义另一个函数,但是允许在一个函数中调用另一个函数,这就是所谓的函数定义不可以嵌套,函数调用则允许嵌套。

【例 7.2】函数的嵌套调用。

```
#include <stdio. h>
void print();                    /* 函数说明 */
void prnline();                  /* 函数说明 */
void main()
{int i,j;
   putchar('\n');
   for(i=0;i<2;i++)
     {for(j=0;j<3;j++)
         print();                /* 函数调用 */
       putchar('\n');
 }
 }
void print()                     /* 函数定义 */
{
   putchar(' * ');
   prnline();
   return;
```

```
}
void prnline()                          /*函数定义*/
{putchar('-');
}
```

程序的运行结果：

＊－＊－＊－

＊－＊－＊－

7.5　参数传递

7.5.1　形参和实参

函数调用时需要传递数据。调用函数要将实参的值传送给被调用函数的形参。

若函数定义首部是

double power(double x, int n)   /*函数定义*/

调用形式可以是 power(y, m)，也可以是 power(3.0, 5)。

其中，x 和 n 是形式参数，y 和 m 是实际参数，3.0 和 5 也是实际参数。

需要注意的几点：

(1)实际参数是表达式，当然也可以是一个变量名，因为变量名也构成一个表达式，形式参数只能是变量名。当实际参数是变量名时，它与形参的名称既可以相同，也可以不同，只是要注意，在函数定义内部应该使用形参的名称。

(2)实际参数与形式参数的参数个数、数据类型和顺序都应该一致，如果数据类型不一致，系统将按照自动转换规则进行转换。

(3)实际参数向形式参数传递的是值。这个值就是对代表实际参数的表达式进行计算的结果。可以是常量值、变量值、数组元素值、函数值等，如果实际参数是数组名，则传送的是地址值。

(4)数据的传递是单向的，只能是从实参向形参传递。

7.5.2　单个元素作为参数

单个元素作为参数时，实参是一个表达式，可以是常量、变量、数组元素值、函数值，以及由这些值构成的表达式，函数调用时，系统先计算表达式的值，然后将值传递给形参。这种情况下的形参是标识了一个存储空间的变量名，这个存储空间是在函数被调用时由系统分配的，被调用函数执行完毕，则形参的空间将被系统释放掉。如果是多次调用，每次调用系统都会重新为形参分配空间。因此，形参所占的空间是没有"记忆"的。被调用函数内的形参的值不论如何变化，都不会影响实参的变化 。

【例7.3】求 3 到 100 之间的所有素数。用函数判断一个数是否是素数，函数的返回值是 1 表示该数是素数，函数的返回值是 0，则表示该数不是素数。

```
#include <stdio.h>
```

```
#include <math. h>
int prime(int);                        /* 函数说明 */
void main()
{int i;
    for(i=3;i<=100;i++)
      if(prime(i)==1)                  /* 函数调用 */
          printf("%4d",i);
    printf("\n",i);
}
int prime(int i)                       /* 函数定义 */
{
    int j,k,flag=1;
    k=i;
    i=sqrt(i);
    for(j=2;j<=i;j++)
      if(k%j==0)
        {flag=0;
        break;
        }
        return flag;
}
```

程序的运行结果:

```
3  5  7  11  13  17  19  23  29  31  37  41  43  47  53  59  61  67  71
73  79  83  89  97
```

7.5.3 数组名作为参数

数组名实际上表示的是整个数组的首地址。如果调用函数的实参是数组名,则被调用函数的形式参数也应该是数组类型。尤为重要的是,如果实参是数组名,形参是数组类型,调用函数与被调用函数存取的将是相同的一组空间。

【例7.4】输入 10 个学生的成绩,用函数求平均成绩。

```
#include <stdio. h>
float aver(int a[ ],int size);         /* 函数说明 */
void main()
{int i;
    int score[10];
    for(i=0;i<10;i++)
      {
        scanf("%d",&score[i]);
```

```
    }
      printf("aver=%f",aver(score,10));          /*函数调用*/
    }
    float aver(int a[ ],int size)                /*函数定义*/
    {
      float sum=0;
      int i;
      for(i=0;i<size;i++)
        sum=sum+a[i];
      return sum/size;
    }
```

【例7.5】输入10个学生的成绩,对这些成绩进行排序,输出排序之前和排序之后的结果。

```
    #include <stdio.h>
    #define SIZE 10
    void accept_array(int a[ ],int size);        /*函数说明*/
    void sort(int a[ ],int size);                /*函数说明*/
    void show_array(int a[ ],int size);          /*函数说明*/
    void main()
    {int i;
      int score[SIZE];
      accept_array(score,SIZE);                  /*函数调用,读成绩*/
      printf("Before sorted:");
      show_array(score, SIZE);                   /*函数调用,输出排序之前的成绩*/
      sort(score, SIZE);                         /*函数调用,排序*/
      printf("After sorted:");
      show_array(score,SIZE);                    /*函数调用,输出排序之后的成绩*/
    }
    void accept_array(int a[ ],int size)         /*函数定义*/
    {int i;
      printf("\nPlease enter %d score:",size);
      for(i=0;i<size;i++)
        scanf("%d",&a[i]);
    }
    void show_array(int a[ ],int size)           /*函数定义*/
    {
      int i;
      for(i=0;i<size;i++)
```

```
        printf("%2d",a[i]);
    printf("\n");
}
void sort(int a[ ],int size)                    /*函数定义*/
{int i,min_a,j,temp;
    for(i=0;i<size;i++)
        {
          min_a=i;
          for(j=i;j<size;j++)
            if(a[j]<a[min_a])
                min_a=j;
          temp=a[min_a];
          a[min_a]=a[i];
          a[i]=temp;
        }
}
```

7.5.4 形参的数据类型是指针类型

使用指针类型做函数形参,可以实现被调用函数对指针所指变量的修改。

【例 7.6】交换两个数。

```
#include <stdio.h>
void swap(int * x,int * y)                     /*形式参数为指针类型*/
{int temp;
    temp= * x;                                  /*指针所指的内容交换*/
    * x= * y;
    * y=temp;
}
void main()
{int i,j;                                       /*定义变量*/
    i=2;j=4;                                     /*变量赋值*/
    printf("before call i=%d,j=%d\n",i,j);       /*输出调用函数之前的值*/
    swap(&i,&j);                                 /*调用函数*/
    printf("called i=%d,j=%d\n",i,j);            /*输出调用函数之后的值*/
}
```

【例 7.7】编写一个函数求球的表面积和球的体积,在主函数中调用该函数输出球的表面积和球的体积。

```
#define PI 3.1415926
#include <stdio.h>
```

```
double A_V_sphere(double r,double * v)          /*求球的表面积和体积的函数*/
{double area;
   area=4 * PI * r * r;
   * v=4.0/3 * PI * r * r * r;                  /*通过指针变量的操作传送体积的计
                                                算结果*/
   return area;                                 /*函数值返回表面积的计算结果*/
}
void main()
{double r,v;
   printf("\nEnter radius of sphere:");         /*提示用户输入球的半径*/
   scanf("%lf",&r);                             /*接收输入*/
   printf("\n Area of sphere is %lf.", A_V_sphere(r,&v));   /*输出球的表面
                                                          积*/
   printf("\n Volume of sphere is %lf.", v);   /*输出球的体积*/
}
```

7.6　递归调用

一个函数定义中使用调用形式间接或直接的调用自己就称为递归调用。

含有直接或间接调用自己的函数称为递归函数。C语言允许函数的递归调用。执行递归函数将反复调用其自身,每调用一次就进入新的一层。

```
void f()
{printf(" * ");
   f();
}
```

如果在主函数中直接调用该函数,程序将不断地打印"*"号,无休止地调用其自身。

【例7.8】用递归方法输出 n 个"*"号。

```
#include <stdio. h>
void f(int n)
{if(n!=0)
  {printf(" * ");
     f(n-1);
  }
   else
     return;
}
void main()
{f(2);
}
```

递归方法可以把规模为 n 的问题用同样形式的规模为 m(m<n 或 m>n)的问题来描述得到简洁、可读性好的算法。

编写递归程序的关键是：

(1)构造递归表达式。将 n 阶的问题转化为比 n 阶小的问题(当然也可以将 n 阶的问题转化为比 n 阶大的问题),转化以后的问题与原来的问题的解法是相同的。

(2)寻找一个明确的递归结束条件,称为递归出口。

输出 n 个"＊"号的问题是这样来转化的:先输出一个"＊"号,再输出 n−1 个"＊"号,这样就把 n 阶的问题,转化成了 n−1 阶的问题。递归出口是 n==0。n 从大越变越小,总会结束的。

【例 7.9】用递归法计算 n!。

用递归法计算 n!可用下述公式表示：

$$f=\begin{cases} 1 & n=0 \text{ 或 } n=1 \\ n\times(n-1)! & n>1 \end{cases}$$

可以将 n 阶问题转化成 n−1 的问题。

f(n)=n＊f(n−1),这就是递归表达式。

方法一：

```c
#include <stdio.h>
float fact(int n)
{
    if(n<0)   printf("n<0,data error!");
    else if((n==0) || n==1)return 1;
    else return(fact(n-1) * n);
}
```

方法二：

```c
float fact(int n)
{
    float f;
    if(n<0)   printf("n<0,data error!");
    else if((n==0) || n==1)f=1;
    else f=(fact(n-1) * n);
    return f;
}
```

【例 7.10】用递归法计算 Fibonacci 序列的前 20 项。

$$fib(n)=\begin{cases} 1 & (n=1) \\ 1 & (n=2) \\ fib(n-1)+fib(b-2) & (n>2) \end{cases}$$

根据数学公式,很容易将 n 阶的问题转化成 n-1 阶和 n-2 阶的问题,即:f(n)=f(n-1)+f(n-2),

递归出口:n=1 或者 n=2。

```
#include <stdio.h>
int fib(int n)
{
    if((n==1)||(n==2))return 1;
    else return(fib(n-1)+fib(n-2));
}
void main()
{
    int i;
    printf("\n");
    for(i=1;i<=20;i++)
      {
        printf("%12d",fib(i));
        if(i%5==0) printf("\n");
      }
}
```

有些古典数学问题,如 Hanoi 塔问题,八皇后问题等,一般都用递归方法求解。将这类问题抽象成一个递归算法是很不容易的。读者可查阅资料。

7.7　变量的存储类别

在 C 语言中,每个变量都有两个属性:数据类型和存储类型。存储类型是指变量在内存中存储的方式。不同的存储类别可以确定一个变量的作用域和生存期。

变量的作用域是指变量的作用范围,在 C 语言中分为在全局有效、局部有效和复合语句内有效三种。

变量的生存期是指变量作用时间的长短,在 C 语言中分为程序期、函数期和复合语句期三种。

在 C 语言中变量有四种存储类别:自动变量(auto)、寄存器变量(register)、静态变量(static)和外部变量(extern)。

变量的生存期与变量的存储在内存的区域有关,用户存储空间一般分为三个部分:程序区、静态存储区和动态存储区。

程序区:用来存放 C 程序运行代码。

　　静态存储区:用来存放变量,这个区域中存储的变量被称作静态变量。静态存储变量通常是在变量定义时就分配存储单元,并一直保持不释放,直至整个程序运行结束才释放。

　　动态存储区:用来存入变量以及进行函数调用时的现场信息和函数返回地址等。在这个区域存储的变量称为动态存储变量。动态存储变量是在程序执行过程中,使用它时才分配存储单元,使用完毕立即释放。典型的例子是函数的形式参数,在函数定义时并不给形参分配存储单元,只是在函数被调用时,才分配存储空间。

7.7.1　自动变量与外部变量

【例 7.11】编写程序求 3 到 100 之间的所有素数。

```
#include <stdio.h>
int flag;                              /*外部变量*/
void prime(int i);
void main()
{int i;                               /*自动变量*/
  for(i=3;i<=100;i++)
    {flag=1;
      prime(i);
      if(flag==1)  printf("%4d",i);
}
  printf("\n");
}
void prime(int i)
{int j;                               /*自动变量*/
  for(j=2;(j<=i-1)&&(flag);j++)
    {if(i%j==0)
      flag=0;
    }
}
```

1.自动变量与外部变量的定义方式

自动变量在函数体内或分程序内的首部定义。

auto int j;（auto 可以省略）

外部变量在函数外部定义,外部变量也称全局变量。

int j;

2.自动变量与外部变量的作用域

自动变量的作用域在定义它的分程序中,并且是在定义以后才能使用。可以说,自动变量是局部变量。

外部变量可以为各函数所共享,从定义的地方到该源程序的结束都有效。作用域是全程的。函数之间交流数据可以使用外部变量。

自动变量:

（1）各函数之间、各并列的分程序中的同名变量代表不同的变量,互不冲突。

（2）如果嵌套的分程序中有同名变量,内层变量阻塞对外层变量的访问。内层变量与外层变量各自占一个存储单元。

（3）自动变量将阻断对同名外部变量的访问。实际上,自动变量与同名的外部变量各占一个存储单元。

3.自动变量与外部变量的生存期

自动变量:

存储在动态存储区中,是被动态分配存储空间的。在函数开始执行时,系统会为函数中所有的自动变量分配存储空间,在函数调用结束时系统还会自动回收这些存储空间。因此,可以说自动变量是没有"记忆"的。

外部变量:

存放在静态存储区,在程序开始执行时分配固定的存储区,整个程序执行完毕才释放。外部变量的生存期属于程序期,既程序在内存存在整个期间,外部变量始终存在,可以说,外部变量是有记忆的。

4.初始化

自动变量不能做初始化。因为自动变量是动态分配的空间,不能预先为内存空间设定一个值。

外部变量均可在定义的时候初始化,初始化只能进行一次,不可多次初始化,若定义时未明确地初始化外部变量,该外部变量将由系统将其初始化为0。

5.外部变量的说明

说明外部变量的语法是:

　　extern 数据类型 变量名;

【例7.12】外部变量的说明。

```
#include <stdio.h>
extern flag;                          /*外部变量flag的说明*/
void prime(int i);
void main()
{int i;                               /*定义变量*/
  for(i=3;i<=100;i++)                 /*i从3到100,对每个i进行判断*/
    {flag=1;                          /*哨兵值设为1*/
      prime(i);                       /*调用自定义函数函数prime*/
      if(flag==1)   printf("%4d",i);
    }
  printf("\n");
}
int flag;                             /*外部变量flag的定义*/
void prime(int i)                     /*函数prime的定义*/
{int j;
```

```
for(j=2;(j<=i-1)&&(flag);j++)
  if(i%j==0)                          /*若 i 能被 j 整除*/
    flag=0;                           /*哨兵值改为 0*/
}
```

6.使用外部变量的原因

(1)初始化方便。

(2)方便函数间进行交流数据,各个函数共享外部变量,实际上解决了函数返回多个值的问题。

(3)外部变量作用域广,"寿命"长,有记忆能力。

7.使用外部变量的副作用

模块化程序设计思想并不赞成大量地使用外部变量,因为模块化程序设计思想强调了信息隐藏的概念,函数之间应尽量通过参数传递进行交流,而外部变量会增添许多数据间的联系,破坏了程序结构,给修改程序带来麻烦,使函数的通用性和可移植性降低。

7.7.2　静态变量

1.定义方式

内部静态变量在函数体内定义,外部静态变量在函数之外定义。

　　static 类型 变量名;

2.作用域

内部静态变量的作用域仅在定义它的函数和分程序内有效,这点与自动变量相同。

外部静态变量的作用域是在定义它的同一源文件中,同一源文件的各个函数可以共享该变量,其他源文件则不能访问它。

外部静态变量与外部变量相比,具有一定的专用性。外部静态变量的名字与其他源文件内的同名变量无关,不产生矛盾。

3.生存期

由于静态变量是存储在静态存储区的,因此无论是内部静态变量还是外部静态变量都是永久性存储。即使程序退出函数的执行,该函数的内部静态变量也仍然不被系统释放,静态变量"记忆"的数不会发生改变。

4.初始化

内部静态变量和外部内部静态变量都可以进行初始化。定义时给出初始化值,编译程序用该值对静态变量进行一次性的初始化。若未在程序中进行初始化,系统以 0 对变量进行初始化。

7.7.3　寄存器变量

1.定义方式

在函数内部定义或作为函数的形式参数。

语法格式:

　　register 类型 变量名;

例如：register　int x;

2. 作用域、生存期和初始化

寄存器变量的作用域、生存期和初始化与自动变量基本相同。但是有以下的限制：

(1)寄存器变量的实现与硬件配置有关。只有很少的变量可以保存在寄存器中。

(2)register 说明只适用于自动变量和函数的形参。

例如，

void f(register int c,int n)

{register int i;

….

}

(3)不允许取寄存器变量的地址。

下列程序段是错误的。

register int i;

scanf("%d",&i);　　　　　　　　　　　　　　/ * 错误 * /

本章小结

(1)在 C 语言中，程序从主函数 main 开始执行，到 main 函数终止。其他函数由 main 函数或别的函数或自身进行调用后方能执行。

(2)函数定义、函数调用和函数说明是使用模块化程序设计思想进行 C 程序设计不可缺少的内容。函数定义负责定义函数的功能。未经定义的函数不能使用。函数说明负责通知编译系统该函数已经定义过了。函数调用是执行一个函数，即从被调用函数的第一句，执行到最后一句。函数定义中的参数是形式参数，函数调用中的参数是实际参数。

(3)如果一个函数带返回值，此类函数必须使用显式的返回语句向调用者返回一个结果，称为函数返回值。如果用户定义的函数需要返回函数值，必须在函数定义中明确指定返回值的数据类型。

(4)形式参数为基本数据类型时，形参是单个变量，实参是个表达式，函数调用时，系统先计算表达式的值，然后将值传递给形参。

(5)形式参数为指针类型时，实参传给形参的是一个存储单元的地址。

(6)一个函数定义中使用调用形式间接或直接的调用自己就称为递归调用。编写递归程序的关键是：第一是构造递归表达式。将 n 阶的问题转化为比 n 阶小的问题(当然也可以将 n 阶的问题转化为比 n 阶大的问题)，转化以后的问题与原来的问题的解法是相同的。第二是 寻找一个明确的递归结束条件，称为递归出口。

(7)在 C 语言中，除了对变量进行数据类型的说明，还可以说明变量的存储类别。不同的存储类别可以确定一个变量的作用域和生存期。在 C 语言中变量有四种存储类别：自动变量(auto)、寄存器变量(register)、静态变量(static)和外部变量(extern)。

第 8 章　　编译预处理

【内容提要】

编译预处理是 C 语言区别于其他高级程序设计语言的特征之一,它属于 C 语言编译系统的一部分。C 程序中使用的编译预处理命令均以♯开头,它在 C 编译系统对源程序进行编译之前,先对程序中这些命令进行"预处理"。本章的知识点是编译预处理命令的三种不同形式:宏定义、文件包含和条件编译。

【学习要求】

通过本章的学习要求学生了解有参宏、无参宏的定义与应用及文件包含的基本概念,掌握宏定义和"文件包含"的应用。

下面看一个简单例题,增加对编译预处理的感性认识。

【例 8.1】计算圆的周长和面积的程序

```
♯define PI    3.1415926              /*定义不带参数的宏名 PI*/
♯define CIRCUM(r)  (2.0*PI*(r))      /*定义带参数的宏名 CIRCUM */
♯define AREA(r)   (PI*(r)*(r))       /*定义带参数的宏名 AREA */
main()
{double radius,circum,area;
    scanf("%lf",&radius);
    circum= CIRCUM(radius);          /*计算圆的周长*/
    area= AREA(radius);              /*计算圆的面积*/
    printf("CIRCUM=%15.8lf,AREA=%15.8lf", circum , area);
}
```

上面的程序中没有定义函数,但通过宏定义,同样能够计算圆的周长和面积,程序中用到的知识点是不带参数和带参数的宏定义。

8.1　宏定义

宏定义是用预处理命令♯define 实现的,分为带参数的宏定义与不带参数的宏定义两种形式。

8.1.1　字符串的宏定义

字符串的宏定义也叫不带参数的宏定义,它用来指定一个标识符代表一个字符串常数。它的一般格式:

#define　标识符　字符串

其中标识符就是宏的名字,简称为宏,字符串是宏的替换正文,通过宏定义,使得标识符等同于字符串。如:

#define PI　3.1415926

PI 是宏名,字符串 3.1415926 是替换正文。预处理程序将程序中凡以 PI 作为标识符出现的地方都用 3.1415926 替换,这种替换称为宏替换,或者宏扩展。

这种替换的优点在于,用一个有意义的标识符代替一个字符串,便于记忆,易于修改,提高程序的可移植性。

【例 8.2】求 100 以内所有奇数的和。

```
#define N   100
main()
{int i,s=0;
   for(i=1;i<N;i++, i++)
   s=s+i;
   printf("sum=%d\n",s);
}
```

经过编译预处理后将得到如下程序:

```
main()
{int i,s=0;
   for(i=1;i<100;i++, i++)
   s=s+i;
   printf("sum=%d\n",s);
}
```

本例使用宏定义标明处理数的范围,如果是处理数的范围要发生变化,只要修改宏定义中 N 的替换字符串即可,无需修改其他地方。

对不带参数的宏定义说明如下:

(1)宏名一般用大写字母,以便与程序中的变量名或函数名区分。当然宏名也可以用小写字母,但不提倡初学者这样做。宏名是一个常量的标识符,它不是变量,不能对它进行赋值。如例 8.1 中定义的 PI 和例 8.2 中定义的 N 均为宏名,如果用赋值语句对它们重新赋值是错误的。

(2)宏替换是在编译之前进行的,由编译预处理程序完成,不占用程序的运行时间。在替换时,只是作简单的替换,不作语法检查。只有当编译系统对展开后的源程序进行编译时才可能报错。

(3)宏定义不是 C 语言的语句,不需要使用语句结束符";",如果使用了分号,则会将分号作为字符串的一部分一起进行替换。

(4)字符串可以是一个关键字、某个符号或为空,如果字符串为空,表示从源文件中删除已定义的宏名。例如:

＃define BOOL　 int

＃define BEGIN　｛

＃define END　　｝

＃define DO

（5）一个宏的作用域是从定义的地方开始到本文件结束。也可以用＃undef 命令终止宏定义的作用域。例如在程序中定义：

＃define YES 1

后来又用下列宏定义撤消：

＃undef　　YES

那么,程序中再出现 YES 时就是未定义的标识符了。也就是说：YES 的作用域是从定义的地方开始到＃undef 之前结束。

一般情况下,宏定义放在函数开头,所有函数之前。也可以把所有定义语句放在单独一个文件里,再把这个文件包含到你的程序文件中。参见第二节。

（6）在进行宏定义时,可以使用已定义过的宏名,即宏定义嵌套形式。例如：

＃define MESSAGE　 "This is a string"

＃define PRN　 printf(MESSAGE)

main()

｛PRN;

｝

程序运行后的结果是：This is a string

（7）程序中用双引号括起来的字符串中的宏名在预处理过程中不进行替换。例如上例改为：

＃define MESSAGE　　"This is a string"

＃define PRN　 printf("MESSAGE")

main()

｛PRN;

｝

程序运行时不能输出：This is a string,而是输出字符串：MESSAGE。也就是说,PRN 将替换成 printf("MESSAGE"),而引号内的 MESSAGE 将不能再替换成"This is a string",因为它不再表示上面的宏名。又例：

＃define TRUE　　1

printf("TRUE=％d\n",TRUE);

运行结果为：TRUE=1

字符串内的 TRUE 不作替换,而 printf 函数中参数 TRUE 被替换成 1。

8.1.2　带参数的宏定义

在例 8.1 中我们定义的 CIRCUM(r)和 AREA(r)就是两个带参数宏,进行预处理时,不

仅对定义的宏名进行替换,而且对参数也要进行替换。带参数宏定义的一般形式为:

＃define　标识符(参数表)　字符串

字符串中应包含有参数表中所指定的参数。例如:

＃difine　MIN(x,y)　((x)<(y)? (x):(y))

则语句:c=MIN(3+8,7+6);

将被替换为语句:c= ((3+8)<(7+6)? (3+8):(7+6));

上述带参数宏定义的替换过程是:按宏定义＃define 中命令行指定的字符串从左向右依次替换,其中的形参(如 x,y)用程序中的相应实参(如 3+8,7+6)去替换。若定义的字符串中含有非参数表中的字符,则保留该字符,如本例中的"("、")"、"?"和":"这些符号原样照写。

按照以上所述,例 8.1 程序经预处理程序处理后,将替换成下面的程序。

```
main()
{double radius;
    scanf("%lf",&radius);
    circum= (2.0 * 3.1415926 * (radius));
    area= (3.1415926 * (radius) * (radius));
    printf("CIRCUM=%15.8lf,AREA=%15.8lf", circum , area);
}
```

说明:

(1)在写带有参数的宏定义时,宏名与带括号参数间不能有空格。否则将空格以后的字符都作为替换字符串的一部分,这样就成了不带参数的宏定义了。例如:

＃define AREA　(r)　(PI * (r) * (r))

则这样定义的 AREA 为不带参数的宏名,它代表字符串"(r)　(PI * (r) * (r))"。

(2)要注意用括号将整个宏和各参数全部括起来,用括号完全是为了保险一些。

【例 8.3】先看用括号将宏及各参数全部括起来,将得到正确结果(如要求 45 被 3 的平方除)。

```
＃define　S(x)　((x) * (x))
main()
{
    printf("SQUARE=%5.1f\n",45.0/S(3));
    printf("SQUARE=%5.1f\n",45.0/S(1+2));
}
```

运行结果如下:

SQUARE=　5.0

SQUARE=　5.0

【例 8.4】不用括号将宏括起来(如要求 45 被 3 的平方除)。

＃define　S(x)　x * x

```
main()
{
    printf("SQUARE=%5.1f\n",45.0/S(3));
    printf("SQUARE=%5.1f\n",45.0/S(1+2));
}
```

运行结果如下：

SQUARE=　45.0

SQUARE=　49.0

原因在于：未使用括号时，第一个 printf 函数输出的是：45.0/3.0 * 3.0。由于运算符/和 * 的优先级一样高，结合方向从左到右，故得到结果为 45.0。

第二个 printf 函数输出的是：45.0/1.0+2.0 * 1.0+2.0。由于运算符/和 * 的优先级高，所以先计算/和 *，计算完后。再计算 45.0+2.0+2.0，故得到结果为 49.0。

（3）从上面的例题可以看到宏调用与函数调用非常相似。但它们事实上不是一回事。这是需要读者特别注意的一点。分析下面两个例子，看一看它们的区别。

【例 8.5】利用函数调用输出半径为 1 到 10 的圆的面积。

```
#define PI 3.14
int square (int n)
{ return(PI * n * n);
}
main()
{int  i=1;
    while (i<=10)
    printf("%8.2f\t",square(i++));
}
```

运行结果如下：

3.14　12.56　28.26　50.24　78.50　113.04　153.86　200.96　254.34　314.00

本例中实参是 i++，它的特点是先使用后增值，第一次调用 square 函数时，传递的参数值是 1，然后 i 值变为 2。第二次调用 square 函数时，传递的参数值是 2，i 值变为 3，依次类推。所以程序运行后得到的结果是正确的。

【例 8.6】利用宏定义对上面程序进行改写。

```
#define PI 3.14
#define square(n)  (PI * (n) * (n))
main()
{int   i=1;
    while (i<=10)
    printf("%8.2f\t",square(i++));
}
```

运行结果如下：

8.28　37.68　94.2　175.84　282.60

显然，这不是我们所期望得到的结果。原因在于每次循环时，宏定义 square(i++)经替换后变为：(PI * (i++) * (i++))，当 i=1 时，输出 3.14 * 1 * 2 的乘积，i++使用了两次，i 的值每次增加 2，所以在输出五个数后就结束。

本节的两个知识点是字符串宏定义和带参宏定义，它们在宏替换时都是用一个字符串去代替另一个字符串，它完全是原封不动地进行替换，不做任何语法检查，千万不要在替换前，对字符串内容进行运算。

8.2　文件包含处理

预处理程序中的"文件包含处理"是一个源文件可以将另外一个源文件的全部内容包含进来，即将另外的文件包含到本文件之中。包含文件的命令格式有如下两种：

格式 1：# include　<filename>

格式 2：# include　"filename"

格式 1 中使用尖括号< >是通知预处理程序，按系统规定的标准方式检索文件目录。例如，使用系统的 PACH 命令定义了路径，编译程序按此路径查找 filename，一旦找到与该文件名相同的文件，便停止搜索。如果路径中没有定义该文件所在的目录，即使文件存在，系统也将给出文件不存在的信息，并停止编译。

格式 2 中使用双引号""是通知预处理程序首先在原来的源文件目录中检索指定的文件 filename；如果查找不到，则按系统指定的标准方式继续查找。

预处理程序在对 C 源程序文件扫描时，如遇到 # include 命令，则将指定的 filename 文件内容替换到源文件中的 # include 命令行中。

包含文件也是一种模块化程序设计的手段。在程序设计中，可以把一些具有公用性的变量、函数的定义或说明以及宏定义等连接在一起，单独构成一个文件。使用时用 # include 命令把它们包含在所需的程序中。这样也为程序的可移植性、可修改性提供了良好的条件。例如在开发一个应用系统中若定义了许多宏，可以把它们收集到一个单独的头文件中（如：user. h）。假设 user. h 文件中包含有如下内容：

```
# include    "stdio. h"
# include    "string. h"
# include    "malloc. h"
# define    BUFSIZE    128
# define    FALSE    0
# define    NO    0
# define    YES    1
# define    TRUE    1
# define    TAB    '\t'
```

#define　NULL　'\0'

当某程序中需要用到上面这些宏定义时,可以在源程序文件中写入包含文件命令:

#include　"user. h"

【例 8.7】假设有三个源文件 test1. c、test2. c 和 test3. c,它们的内容如下所示,利用编译预处理命令实现多文件的编译和连接。

源文件 test1. c

```
main()
{
  int a,b,c,s,m;
  printf("\na,b,c=?");
  scanf("%d,%d,%d",&a,&b,&c);
  s=sum(a,b,c);
  m=mul(a,b,c);
  printf("The sum is %d\n",s);
  printf("The mul is %d\n",m);
}
```

源文件 test2. c

```
int sum(int p1,int p2,int p3)
{
  return(p1+p2+p3);
}
```

源文件 test3. c

```
int mul(int p1,int p2,int p3)
{
  return(p1 * p2 * p3);
}
```

在含有主函数的源文件中使用编译预处理命令 include 将其他源文件包含进来即可。例如在源文件 test1. c 的头部加入命令:#include <test2. c>和 #include <test3. c>,在编译前就把文件 test2. c 和 test3. c 的内容连进来。源文件 test1. c 的内容如下所示。

```
#include <test2. c>
#include <test3. c>
main()
{int a,b,c,s,m;
  printf("\na,b,c=?");
  scanf("%d,%d,%d",&a,&b,&c);
  s=sum(a,b,c);
  m=mul(a,b,c);
```

```
    printf("The sum is %d\n",s);
    printf("The mul is %d\n",m);
}
```

说明：

1、一个包含文件命令一次只能指定一个被包含文件，若要包含 n 个文件，则要使用 n 个包含文件命令。

2、在使用包含文件命令时，要注意尖括号＜filename＞和双引号"filename"两种格式的区别。

3、文件包含可以嵌套，即在一个被包含文件中又可以包含另一个被包含文件。如文件"user. h"中又使用包含命令将"stdio. h"、"string. h"和"malloc. h"包含进来。

4、被包含文件（"stdio. h"、"string. h"和"malloc. h"）与其所在的包含文件（"user. h"）在预处理后已成为同一个文件。因此，在使用包含文件命令＃include ＜user. h＞ 后，头文件"stdio. h"、"string. h"和"malloc. h"中的宏定义等内容就在头文件"user. h"中有效，不必再进行定义。

8.3　条件编译

整个源程序通常情况都需要参加编译。C 语言预处理程序具有条件编译的能力。使用条件编译命令，可以根据不同的编译条件来决定对源文件中的哪一段进行编译，使同一个源程序在不同的编译条件下产生不同的目标代码文件。

条件编译命令有以下几种常用形式：

1. ＃if 形式

一般格式：＃if

＜表达式＞

　　＜程序段 1＞

＃else

　　＜程序段 2＞

＃endif

预处理程序扫描到＃if 时，通过测试表达式值是否为真（非零）来选择对程序段 1 还是程序段 2 进行编译。如果＃else 部分被省略，且在表达式值为假时就没有语句被编译。

【例8.8】

```
#define X 5
main()
{#if   X-5
    printf("|x|=%d",X);
#else
printf("|x|=%d",-X);
#endif
```

　　}

运行结果：|x|＝－5

运行时，根据表达式 X－5 的值是否为真（非零），决定对哪一个 printf 函数进行编译，而其他的语句不被编译（不生成代码）。本例中表达式 X－5 宏替换后变为 5－5，即表达式 X－5 的值为 0，表示不成立，编译时只对第二条输出语句 printf("|x|＝％d",－X)；进行编译。所以输出结果为：|x|＝－5

　　通过上面的例子可以分析：不用条件编译而直接用条件语句也能达到要求，这样用条件编译有什么好处呢？用条件编译可以减少被编译的语句，从而减少目标代码的长度。当条件编译段较多时，目标代码的长度可以大大减少。

　　2．＃ifdef 形式或＃ifndef 形式

一般格式：

＃ifdef（或＃ifndef）　＜标识符＞

　　＜程序段 1＞

＃else

　　＜程序段 2＞

＃endif

预处理程序扫描到＃ifdef（或＃ifndef）时，判别其后面的＜标识符＞是否被定义过（一般用＃define 命令定义），从而选择对哪个程序段进行编译。对＃ifdef 格式而言，若＜标识符＞在编译命令行中已被定义，则条件为真，编译＜程序段 1＞；否则，条件为假，编译＜程序段 2＞。而＃ifndef 的检测条件与＃ifdef 恰好相反，若＜标识符＞没有被定义，则条件为真，编译＜程序段 1＞；否则，条件为假，编译＜程序段 2＞。＃else 部分可以省略，若被省略，且＜标识符＞在编译命令行中没有被定义时（针对＃ifdef 形式），就没有语句被编译。

　　【例 8.9】

＃ifdef　IBM_PC

　　＃define　INTEGER_SIZE　16

＃else

　　＃define　INTEGER_SIZE　32

＃endif

若 IBM_PC 在前面已被定义过，如：＃define　IBM_PC　0

则只编译命令行：

＃define　INTEGER_SIZE　16

否则，只编译命令行：

＃define　INTEGER_SIZE　32

这样，源程序可以不作任何修改就可以用于不同类型的计算机系统。

上面的例题若用＃ifndef 形式实现，只需改写成下面的例题形式，其作用完全相同。

【例 8.10】
```
# ifndef    IBM_PC
  # define    INTEGER_SIZE   32
  # else
  # define    INTEGER_SIZE   16
# endif
```

【例 8.11】在调试程序时,常常希望输出一些需要的信息,而在调试完成后不再输出这些信息。可以在源程序中插入如下的条件编译:
```
# ifdef    DO
printf("a=%d,b=%d\n",a,b);
# endif
```

如果在它的前面定义过标识符"DO",则在程序运行时输出 a,b 的值,以便在程序调试时进行分析。调试完成后只需将定义标识符"DO"的宏定义命令删除即可。

本章小结

(1)使用预处理功能便于程序的修改、阅读、移植和调试,也便于实现模块化程序设计。

(2)宏定义是用一个标识符来表示一个字符串,这个字符串可以是常量、变量或表达式。在宏调用中将用该字符串代换宏名。

(3)宏定义可以带有参数,宏调用时是以实参代换形参,而不是"值传送"。

(4)为了避免宏替换时发生错误,宏定义中的字符串应加括号,字符串中出现的形式参数两边也应加括号。

(5)文件包含是预处理的一个重要功能,它可用来把多个源文件连接成一个源文件进行编译,结果将生成一个目标文件。

(6)条件编译允许只编译源程序中满足条件的程序段,使生成的目标程序较短,从而减少了内存的开销并提高了程序的效率。

(7)数据类型再命名是为已经存在的数据类型再定义一个另外的名字,目的是为了增强程序的可读性,使用的命令是 typedef。

第9章　指　针

【内容提要】

指针是 C 语言中广泛使用的一种数据类型。正确而灵活地运用它,可以有效地表示复杂的数据结构;能动态分配内存;能方便地使用字符串;有效而方便地使用数组;在调用函数时能得到多于 1 个的值;能直接处理内存地址等,这对设计系统软件是很必要的。指针能够模拟引用调用;能够建立和操作动态数据结构(如链表、队列、堆栈和树);能很方便地使用数组和字符串;并能像汇编语言一样处理内存地址,从而编出精炼而高效的程序。

【学习要求】

通过本章学习,使学生熟练掌握指针的概念,了解指针变量赋值的意义,并且掌握指向数组指针的用法及指针数组与多级指针的概念。重点掌握指针变量的定义及指向简单变量指针的使用方法;掌握指向一维数组、二维数组和指向字符串指针的使用方法。

9.1　指针的概念

在理解什么是指针之前,我们应该先理解数据在内存中是如何存储的,又是如何读取的。

在源程序文件中定义某个变量,在编译时系统将会给这个变量分配内存单元。系统根据变量的类型,分配一定长度的空间。C 系统对不同类型变量分配的存储单元字节数见表 9—1。

表 9—1　不同类型变量在内存中所占存储字节数

类　型	Int	Short	Long	Unsigned　int	Unsigned　Short
字节数	2	2	4	2	2
类　型	Char	Float	Double	Long double	Unsigned　Long
字节数	1	4	8	16	4

内存区的每一个字节有一个编号,这就是"地址",它相当于文件柜中的抽屉。在地址所标志的单元存放数据,相当于文件柜中各个抽屉中放文件一样。

首先我们必须清楚内存单元的地址与内存单元的内容这两个概念的区别,如图 9—1 所示。假设程序中已定义了三个整型变量 a,b,c,编译时系统分配 1000H 和 1001H 两个字节给变量 a,1002H,1003H 字节给 b,1004H,1005H 给 c。在内存中已没有 a、b、c 这些变量名了,对变量值的存取都是通过地址进行的。

下面说明如何通过地址解决对变量的操作。

1. 直接访问形式

例如,语句 printf("%d",a)的执行是这样的:根据变量名与地址的对应关系,找到变量 a 的地址 1000 H,

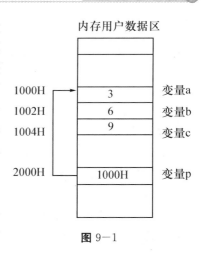

内存用户数据区

图9-1

然后从由1000H开始的两个字节中取出数据(即变量的值3),把它输出。输入时如果用scanf("%d",&a),在执行时,就把从键盘输入的值送到地址为1000H开始的整型存储单元中。如果有c=a+b,则从1000H、1001H字节取出a的值3,再从1002H、1003H字节取出b的值6,将它们相加后再将其和9送到c所占用的1004H、1005H字节单元中。这种按变量地址存取变量值的方式称为"直接访问"方式。

2.间接访问形式

有时将变量a的地址存放在另一个内存单元中。C语言规定可以在程序中定义整型变量、实型变量、字符变量等,也可以定义一种特殊的变量,它用来存放变量的地址。假设我们定义了变量p是存放整型变量的地址,它被分配为2000H、2001H字节。可以通过下面语句将a的地址存放到p中。

　　　　p=&a;

这时,p的值就是1000H,即变量a所占用单元的起始地址。要存取变量a的值,也可以采用间接方式:先找到存放"a的地址"的单元地址(2000H、2001H),从中取出a的地址(1000H),然后到1000H、1001H字节取出a的值3。

图9-2表示直接访问和间接访问的示意图。为了表示将数值3送到变量中,可以有两种表达方法:

(1)将3送到变量i所占的单元中。见图9-2上。

(2)将3送到变量p所"指向"的单元中。

所谓"指向"就是通过地址来体现的。p中的值为2000H,它是i的地址,这样就在p和i之间建立起一种联系,即通过p能知道i的地址从而找到变量i的内存单元。图9-2中以箭头表示这种"指向"关系。

由于通过地址能找到所需的变量单元,我们可以说,地址"指向"该变量单元,一个变量的地址称为该变量的"指针"。

例如,地址2000H是变量i的指针。如果有一个变量专门用来存放另一变量的地址(即指针)的,则它称为"指针变量"。上述的p就是一个指针变量。指针变量的值(即指针变量中存放的值)是指针(地址)。

注:要区分"指针"和"指针变量"这两个概念。

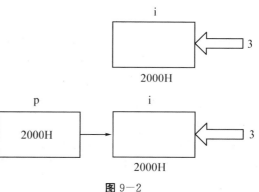

图9-2

9.2 变量的指针和指向变量的指针变量

变量的指针就是变量的地址。可以定义一个指向一个变量的指针变量。为了表示指针变量和它所指向的变量之间的联系,用"＊"符号表示"指向",例如,p 代表指针变量,而＊p 是 p 所指向的变量,见图 9-3。可以看到,＊p 也是代表一个变量,它和变量 i 是同一回事。

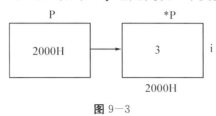

图 9-3

下面两个语句作用相同:

①i＝3；

②＊p＝3；

语句②的含意是:将 3 赋给指针变量 p 所指向的变量。

9.2.1 指针变量的定义

指针变量用来专门存放地址的,所以在使用它以前必须将其定义为"指针类型"。定义的形式如下:

　　　＜类型标识符＞　＊＜标识符＞

其含义为:指明＜标识符＞是存放＜类型标识符＞类型变量的地址变量,又称＜标识符＞为指向＜类型标识符＞的指针变量,简称＜标识符＞为＜类型标识符＞的指针。

　　　int a,b；

　　　int ＊p1,＊p2；

定义了两个整型变量 a、b,此外又定义了两个指针变量:p1、p2,它们是指向整型变量的指针变量。

可以用赋值语句使一个指针变量指向一个整型变量:

　　　p1＝&a；

　　　p2＝&b；

见图 9-4。

　　　float ＊p3；(p3 是指向实型变量的指针变量)

　　　char ＊p4；(p4 是指向字符型变量的指针变量)

在定义指针变量时要注意两点:

(1)标识符前面的"＊",表示该变量为指针变量。

(2)一个指针变量只能指向同一个类型的变量。例如,p1 不能忽而指向一个整型变量,忽而指向一个实型变量。因此必须规定指针变量所指向的变量的类型。换句话说,只有同一类型变量的地址才能放到指向该类型变量的指针变量中。

9.2.2　指针变量的引用方式

C语言规定,程序中引用指针型变量有多种形式,常见的有下列三种。

1.给指针变量赋值

格式为:指针变量＝表达式。这个表达式必须为地址表达式。

例如:int　i,＊p;

　　p＝&i;　　　　　　　　　　　　/＊是指针变量p指向变量i＊/

2.直接引用指针变量名

需要用到地址时,可以直接引用指针变量。例如数据输入语句的输入变量列表中可以引用指针变量名,用来接受输入的数据,并存入它指向的变量;又如将指针变量p中存放的地址赋值到另一个指针变量q中。注意这种引用方式要求指针变量p必须有值。

例如:int　i,j,＊p＝&i,＊q;

　　q＝p;　　　　　　　　　　　　/＊将指针变量p的值(i的地址)赋予指针变量q＊/

　　scanf("%d,%d",q,&j);　　/＊使用指针变量接受输入数据＊/

3.通过指针变量来引用它所指向的变量

使用格式为:＊指针变量名。在程序中"＊指针变量名"代表它所指向的变量。注意这种引用方式要求指针变量必须有值。

例如:int　i＝1,j＝2,k,＊p＝&i;

k＝＊p+j;　　　　　　　　　　　/＊由于p指向i,所以＊p就是i,结果k等于3＊/

指针变量不但可以指向变量,也可以指向数组、字符串等数据。注意:指针变量之间的赋值必须保证类型一致。

【例9.1】

```
main()
{int a,b;
　int ＊p1,＊p2;
　scanf("%d%d",&a,&b);
　p1＝&a;                    /＊把变量a的地址赋给p1＊/
　p2＝&b;                    /＊把变量b的地址赋给p2＊/
　printf("%d,%d\n",a,b);
　printf("%d,%d\n",＊p1,＊p2);
}
```

运行结果为:

输入:100　　10

输出:100,10

输出:100,10

对程序的分析:

(1)在开头处虽然定义了两个指针变量p1和p2,但它们并未指向任何一个整型变量。只是提供两个指针变量,规定它们可以指向整型变量。此时p1的值为&a(即a的地址),p2

的值为 &b。

(2)最后一行的 * p1 和 * p2,就是变量 a 和 b。最后两个 printf 函数作用是相同的。

(3)程序中有两处出现 * p1 和 * p2,请区分它们的不同含意。程序第 3 行的 * p1 和 * p2 表示定义两个指针变量 p1、p2。它们前面的 " * "只是表示该变量是指针变量。程序最后一行 printf 函数中的 * p1 和 * p2 则代表变量,即 p1 和 p2 所指向的变量。

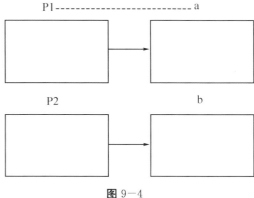

图 9-4

(4)第 5、6 行"p1=&a"和"p2=&b"是将 a 和 b 的地址分别赋给 p1 和 p2。注意不应写成:" * p1=&a"和" * p2=&b"。因为 a 的地址是赋给指针变量 p1,而不是赋给 * p1(即变量 a)。

9.2.3 取地址运算符与指针运算符

(1)&:取地址运算符。

(2) * :指针运算符(或称"间接访问"运算符)。

例如:&a 为变量 a 的地址, * p 为指针变量 p 所指向的变量。

取地址运算符和指针运算符的运算对象、运算规则、结合性如表 9-2 所示。

表 9-2 取地址运算符和指针运算符

对象数	名称	运算符	运算规则	运算对象	运算结果	结合性
单目前缀	取地址	&	取运算对象的地址	变量或数组元素	对象的地址	自右向左
单目前缀	指针	*	取所指向的变量或数组元素	指针变量、变量或数组元素的地址	指针变量所指向的变量或数组元素	自右向左

下面对"&"和" * "运算符做说明:

(1)如果已经执行了"p1=&a"语句,若有 & * p1 它的含意是什么?"&"和" * "两个运算符的优先级别相同,但按自右而左方向结合,因此先进行 * p1 的运算,它就是变量 a,再执行 & 运算。因此,& * p1 与 &a 相同。

如果有 p2=& * p1;它的作用是将 &a(a 的地址)赋给 p2,如果 p2 原来指向 b,现在已不再指向 b 而也指向 a 了。

(2) * &a 的含意是什么?先进行 &a 运算,得 a 的地址,再进行 * 运算。即 &a 所指向的变量, * &a 和 * p1 的作用是一样的(假设已执行了"p1=&a"),它们等价于变量 a。即 * &a 与 a 等价。

(3)(* p1)++相当于 a++。注意括号是必要的,如果没有括号,就成为了 * (p1++),这时先按 p1 的原值进行 * 运算,得到 a 的值。然后使 p1 的值改变,这样 p1 不再指向 a 了。

下面举一个指针变量应用的例子:

【例 9.2】输入 a 和 b 两个整数,按先大后小的顺序输出 a 和 b。

```
main()
{
    int * p1, * p2, * p,a,b;
    scanf("%d%d",&a,&b);
    p1=&a;
    p2=&b;
    if(a<b)
        {p=p1;p1=p2;p2=p;}
    printf("a=%d,b=%d\n",a,b);
    printf("max=%d,min=%d\n", *
p1, * p2);
}
```

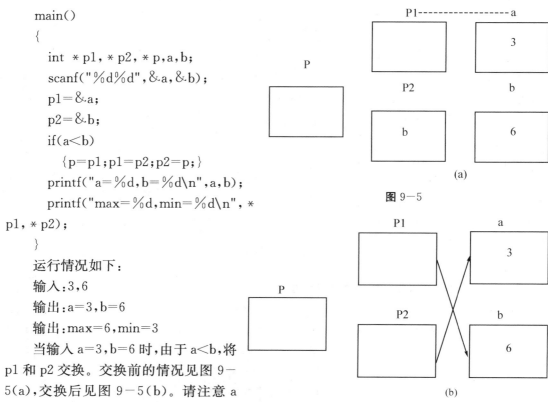

图 9-5

运行情况如下：

输入：3,6

输出：a=3,b=6

输出：max=6,min=3

当输入 a=3,b=6 时,由于 a<b,将 p1 和 p2 交换。交换前的情况见图 9-5(a),交换后见图 9-5(b)。请注意 a 和 b 并未交换,它们仍保持原值,但 p1 和 p2 的值改变了。p1 的值原为 &a,后来变成 &b, p2 原值为 &b,后来变成 &a。这样在输出 * p1 和 * p2 时,实际上是输出变量 b 和 a 的值, 所以先输出 6,然后输出 3。

这个问题的算法是不交换整型变量的值,而是交换两个指针变量的值(即 a 和 b 的地址)。

9.2.4 指针变量作为函数参数

我们已经掌握了函数的参数可以是整型、实型、字符型等数据,在本章我们学习函数的参数为指针类型的情况。它的作用是将一个变量的地址传送到另一个函数中。

举例说明。

【例 9.3】输入 a 和 b 两个整数,并对输入的两个整数按大小顺序输出。

今用函数处理,而且用指针类型的数据作函数参数。

程序如下：

```
swap(q1,q2)
int * q1, * q2;
{int p;
    p= * q1;
    * q1= * q2;
    * q2=p;
```

```
}
main()
{
    int a,b;
    int *p1,*p2;
    scanf("%d%d",&a,&b);
    p1=&a; p2=&b;
    if(a<b) swap(p1,p2);
    printf("%d,%d\n",a,b);
}
```

运行情况如下：

输入：3,6

输出：6,3

对程序的说明：swap 是用户定义的函数，它的作用是交换两个变量(a 和 b)的值。swap 函数的两个形参 p1、p2 是指针变量。程序开始执行时，先输入 a 和 b 的值(今输入 3 和 6)。然后将 a 和 b 的地址分别赋给指针变量 p1 和 p2，即使 p1 指向 a，p2 指向 b。接着执行 if 语句，由于 a<b，因此执行函数 swap。注意实参 p1 和 p2 是指针变量，在函数调用开始时，实参变量将它的值传送给形参变量。采取的依然是"值传递"方式。因此虚实结合后形参 q1 的值为 &a，q2 的值为 &b。这时 q1 和 p1 都指向变量 a，q2 和 p2 都指向 b。接着执行 swap 函数的函数体，使 *q1 和 *q2 的值互换，也就是使 a 和 b 的值互换。函数调用结束后，q1 和 q2 不复存在(已释放)。最后在 main 函数中输出的 a 和 b 的值已是经过交换的值(a=6,b=3)。

请注意交换 *q1 和 *q2 的值是如何实现的。如果写成以下这样就有问题了：

```
swap(q1,q2)
int *q1,*q2;
{int *p;
    *p=*q1;
    *q1=*q2;                        /*此语句有问题*/
    *q2=p;
}
```

p1 就是 a，是整型变量。而 p 是指针变量 p 所指向的变量。但 p 中并无确定地址，用 *p 可能会造成破坏系统的正常工作状态。应该将 *q1 的值给一个整型变量，如程序所示那样。用整型变量 p 作为过渡变量实现 *q1 和 *q2 的交换。

注意，本例采取的方法是：交换 a 和 b 的值，而 p1 和 p2 的值不变。这恰和例 9.2 相反。

可以看到，在执行 swap 函数后，变量 a 和 b 的值改变了。请仔细分析，这个改变是怎么实现的。这个改变不是通过形参值传回实参来实现的。请读者考虑一下能否通过下面的函数实现 a 和 b 互换。

```
swap(x,y)
```

```
int x,y;
{int t;
    t=x;
    x=y;
    y=t;
}
```

如果在 main 函数中用"swap(a,b);",会有什么结果呢？在函数调用开始时,a 的值传送给 x,b 的值传送给 y。执行完 swap 函数后,x 和 y 的值是互换了,但 main 函数中的 a 和 b 并未互换。也就是说由于"单向传送"的"值传递"方式,形参值的改变无法传给实参。

为了使在函数中改变了的变量值能被 main 函数所用,不能采取上述把要改变值的变量作为参数的办法,而应该用指针变量作为函数参数,在函数执行过程中使指针变量所指向的变量值发生变化,函数调用结束后,这些变量值的变化依然保留下来,这样就实现了"调用函数改变变量的值,在主调函数(如 main 函数)中使用这些改变了的值"的目的。

如果想通过函数调用得到 n 个要改变的值,可以:①在主调函数中设 n 个变量,用 n 个指针变量指向它们;②然后将指针变量作实参,将这 n 个变量的地址传给所调用的函数的形参;③通过形参指针变量,改变该 n 个变量的值;④主调函数中就可以使用这些改变了值的变量。

请注意,不能企图通过改变指针形参的值而使指针实参的值也改变。请看下面的程序:

```
swap(q1,q2)
int *q1,*p2;
{int *p;
   p=q1;
   q1=q2;
   q2=p;
}
main()
{
   int a,b;
   int *p1,*p2;
   scanf("%d,%d",&a,&b);
   p1=&a; p2=&b;
   if(a<b) swap(p1,p2);
   printf("\n%d,%d\n",*p1,*p2);
}
```

程序的执行步骤:交换 p1 和 p2 的值,使 p1 指向值大的变量。其设想是:①先使 p 指向 a,p2 指向 b。②调用 swap 函数,将 p1 的值传给 q1,p2 传给 q2。③在 swap 函数中使 p1 与 p2 的值交换。④形参 q1、q2 将地址传回实参 p1 和 p2,使 p1 指向 b,p2 指向 a。然后输出 *p1、*p2,想得到输出"6,3"。

但是这是办不到的,程序实际输出为:"3,6"。问题出在第④步。C 语言中实参变量和形参变量之间的数据传递是单向的"值传递"方式。指针变量作函数参数也要遵循这一规则。调用函数不能改变实参指针变量的值,但可以改变实参指针变量所指变量的值。我们知道,函数的调用可以(而且只可以)得到一个返回值(即函数值),而运用指针变量作参数,可以得到多个变化了的值。如果不用指针变量是难以做到这一点的。

【例 9.4】输入 a、b、c 三个整数,按大小顺序输出。

```
swap(pt1,pt2)
Int * pt1, * pt2;
{int p;
  p= * pt1;
  * pt1= * pt2;
  * pt2=p;
}
  change(q1,q2,q3)
  int * q1, * q2, * q3;
    {if( * q1< * q2) swap(q1,q2);
      if( * q1< * q3) swap(q1,q3);
      if( * q2< * q3) swap(q2,q3);
    }
main()
{
  int a,b,c, * p1, * p2, * p3;
  scanf("%d,%d,%d",&a,&b,&c);
  p1=&a;p2=&b;p3=&c;
  change(p1,p2,p3);
  printf("\n%d,%d,%d\n",a,b,c);
}
```

运行情况如下:

输入:10,20,30

输出:30,20,10

9.3　数组和指针

一个数组包含若干个元素,每个数组元素都在内存中占有存储单元,系统会给它们分配相应的地址。指针变量既然可以指向变量,当然也可以指向数组和数组元素(把数组起始地址或某一元素的地址放到一个指针变量中)。所谓数组的指针是指数组的起始地址,数组元素的指针是数组元素的地址。

9.3.1　指向数组元素的指针变量的定义与赋值

例如：

```
int a[10];              /*定义 a 为包含 10 个整型数据的数组*/
int *p;                 /*定义 p 为指向整型变量的指针变量*/
```

应当注意，如果数组为 int 型，则指针变量亦应指向 int 型。

下面是对该指针元素赋值：

C 语言规定数组名代表数组的首地址，也就是第一个元素的地址。因此，下面两个语句等价：

```
p=&a[0];                /*把 a[0]元素的地址赋给指针变量 p,即 p 指向 a 数组的第 0 号
                          元素。*/
p=a;                    /*把 a 数组的首地址赋给指针变量 p,即 p 指向 a 数组的第 0 号
                          元素。*/
```

所以在定义指针变量时可以赋给初值：

```
int *p=&a[0];    /*它等效于:int *p;p=&a[0];注意,不是*p=&a[0];*/
int *p=a;        /*它的作用是将数组 a 的首地址(即 a[0]的地址)赋给指针变量
                   p(而不是*p)。*/
```

9.3.2　通过指针引用数组元素

已知：int a[10], *p=a;

如果有以下赋值语句：

```
*p=1;
```

表示对 p 当前所指向的数组元素 a[0]赋值为 1。

C 语言规定 p+1 指向数组的下一个元素。例如，数组元素是实型，每个元素占 4 个字节，则 p+1 意味着使 p 的原值(地址)加 4 个字节，以使它指向下一元素。p+1 所代表的地址实际上是 p+1×d,d 是一个数组元素所占的字节数(对整型,d=2;对实型,d=4;对字符型,d=1)。

如果 p 的初值为 &a[0]，则：

(1)p+i 和 a+i 就是 a[i]的地址，或者说，它们指向 a 数组的第 i 个元素，见图 9−6。这里需要说明：a 代表数组首地址，a+i 也是地址，它的计算方法同 p+i,即它的实际地址为 a+i×d。例如，p+9 和 a+9 的值是 &a[9]，它指向 a[9]。

(2)*(p+i)或*(a+i)是 p+i 或 a+i 所指向的数组元素，即 a[i]。例如，*(p+5)或*(a+5)就是 a[5]。即*(p+5)=*(a+5)=a[5]。实际上，在编译时，对数组元素 a[i]就是处理成*(a+i)的，即按数组首地址加上相对位移量得到要找的元素的地址，然后找出该单元中的内容。例如，若数组 a 的首地址为 1000,设数组为整型，则 a[3]的地址是这样计算出来的:1000+3×2=1006,然后从 1006 地址所标志的整型单元取出元素的值，即 a[3]的值。

注意：[]实际上是变址运算符，即将 a[i]按 a+i 计算地址，然后找出此地址单元中的值。

（3）指向数组的指针变量也可以带下标，如 p[i] 与 *(p+i) 等价。

根据以上叙述，引用一个数组元素，可以用：

（1）下标法，如 a[i] 形式；

（2）指针法，如 *(a+i) 或 *(p+i)。其中 a 是数组名，p 是指向数组的指针变量，其初值 p＝a。

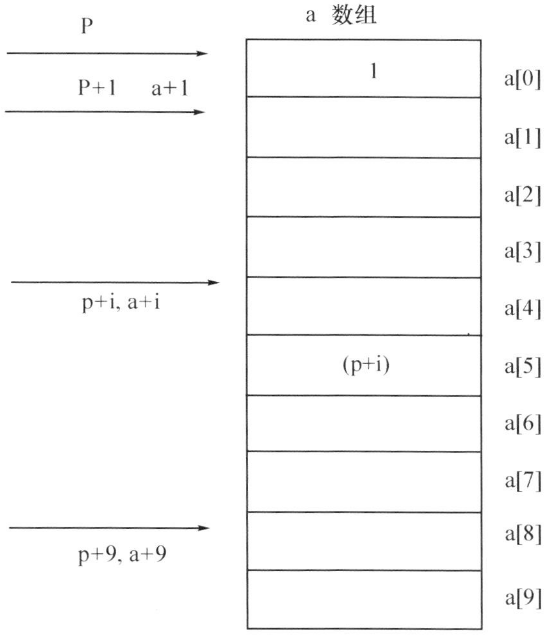

【例 9.5】输出数组全部元素

设一个 a 数组，整型，有 10 个元素。要输出各元素的值有三种方法：

① 下标法。

```
main()
{
  int a[10];
  int i;
  for(i=0;i<10;i++)
    scanf("%d",&a[i]);
  printf("\n");
  for(i=0;i<10;i++)
    printf("%d",a[i]);
}
```

② 通过数组名计算数组元素地址，找出元素的值。

```
main()
{
  int a[10];
  int i;
  for(i=0;i<10;i++)
    scanf("%d",&a[i]);
  printf("\n");
  for(i=0;i<10;i++)
    printf("%d",*(a+i));
}
```

③ 用指针变量指向数组元素。

```
main()
{
  int a[10];
  int *p,i;
```

图 9－6

```
    for(i=0;i<10;i++)
        scanf("%d",&a[i]);
    printf("\n");
    for(p=a;p<(a+10);p++)
        printf("%d",*p);
}
```

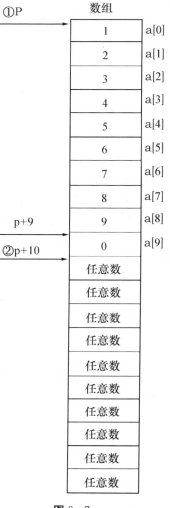

图9－7

以上三个程序的运行情况均如下：

输入：1 2 3 4 5 6 7 8 9 0

输出：1 2 3 4 5 6 7 8 9 0

对三种方法的分析：

（1）例9.5的第①和②种方法执行效率是相同的。C编译系统是将a[i]转换为*(a+i)处理的。即先计算元素地址。因此用第①和②种方法找数组元素费时较多。

（2）第③种方法比①②法快，用指针变量直接指向元素，不必每次都重新计算地址，像p++这样的自加操作是比较快的。这种有规律地改变地址值（p++）能大大提高执行效率。

（3）用下标法比较直观，能直接知道是第几个元素。例如，a[5]是数组中第6个元素。用地址法或指针变量的方法不直观，难以很快地判断出当前处理的是哪一个元素。例如，例9.5第③种方法所用的程序，要仔细分配指针变量p的当前指向，才能判断当前输出的是第几个元素。

在使用指针变量时，有几个问题要注意：

（1）指针变量可以实现使本身的值改变。例如，用指针变量p来指向元素，用p++使p的值不断改变，这是合法的，假如不用p而使a进行自加运算（例如，用a++）行不行呢？答案是不行的。因为a是数组名，它代表的是数组首地址，在编译时系统自动给其分配固定的地址值，并且在程序运行期间是不变的，是一个常量（对常量不能进行自加自减运算）。

（2）一定要注意指针变量的当前值。

请看下面的程序。

【例9.6】输出a数组的10个元素。

有人编写出以下程序：

```
main()
{
    int *p,i,a[10];
    p=a;
    for(i=0;i<10;i++)
        scanf("%d",p++);
```

```
    printf("\n");
    for(i=0;i<10;i++,p++)
        printf("%d",*p);
}
```

这个程序乍看起来好象没有什么问题。有的人即使已经知道此程序有问题,还是找不出它有什么问题。我们先看一下运行情况:

输入:1 2 3 4 5 6 7 8 9 0

但输出的数值并不是 a 数组中各元素的值。原因是指针变量的初始值为 a 数组首地址(见图 9—7 中的①),但经过第一个 for 循环读入数据后,p 已指向 a 数组的末尾(见图 9—7 中的②)。因此,在执行第二个 for 特时,p 的起始值不是 &a[0] 了,而是 a+10。因此执行循环时,每次要执行 p++,p 指向的是 a 数组下面的 10 个元素。

解决这个问题的办法,只要在第二个 for 循环之前加一个赋值语句:

p=a;

使 p 的初始值回到 &a[0],这样结果就对了。

```
main()
{
    int *p,i,a[10];
    p=a;
    for(i=0;i<10;i++)
        scanf("%d",p++);
    printf("\n");
    p=a;                    /*让指针 p 重新指向数组 a 的首地址*/
    for(i=0;i<10;i++,p++)
        printf("%d",*p);
}
```

运行情况如下:

输入:1 2 3 4 5 6 7 8 9 0

输出:1 2 3 4 5 6 7 8 9 0

(4)注意指针变量的运算。如果先使 p 指向数组 a(即 p=a),则:

①p++(或 p+=1),p 指向下一元素,即 a[1]。若再执行 *p,取出下一个元素 a[1] 的值。

②*p++,由于 ++ 和 * 同优先级,是自右而左的结合方向,因此它等价于 *(p++)。作用是先得到 p 指向的变量的值(即 *p),然后再使 p+1!p。

③*(p++)与 *(++p)作用不同。前者是先取 *p 值,后使 p 加 1。后者是先使 p 加 1,再取 *p。若 p 初值为 a(即 &a[0]),输出 *(p++)时,得 a[0] 的值,而输出 *(++p),则得到 a[1] 的值。

④(*p)++表示 p 所指向的元素值加 1,即(a[0])++,如果 a[0]=3,则(a[0])++的值为 4。注意:是元素值加 1,而不是指针值加 1。

⑤ 如果 p 当前指向 a 数组中第 i 个元素,则:

*(p--)相当于 a[i--],先取 p 值作" * "运算,再使 p 自减。

*(++p)相当于 a[++i],先使 p 自加,再作 * 运算。

*(--p)相当于 a[--i],先使 p 自减,再作 * 运算。

将++和—运算符用于指针变量十分有效,可以使指针变量自动向前或后后移动,指向下一个或上一个数组元素。

9.3.3　一维数组名或数组元素作函数参数

(1)数组元素作函数的实参。如:

```
main()                  f(x,y)
{int a[10];            int x,y;
    ⋮                    {
  f(a[0],a[1]);           ⋮
    ⋮                    }
}
```

当调用函数时,数组元素可以作为实参传给形参,每个数组元素实际上代表内存中的一个存储单元,和普通变量一样,对应的形参必须是类型相同的变量。

(2)数组名作函数的实参和形参。

```
main()                  f(b,n)
{int a[10];            int b[ ],n;
    ⋮                    {
  f(a,10);                ⋮
    ⋮                    ⋮
}                        }
```

a 为实参数组名,b 为形参数组名。当用数组名作参数时,如果形参数组中各元素的值发生变化,实参数组元素的值随之变化。下面解释这是为什么?

数组名代表数组首地址。因此,用数组名作实参,在调用参数时实际上是把数组的首地址传给形参。这样实参数组与形参数组共占同一段内存,见图 9-8。

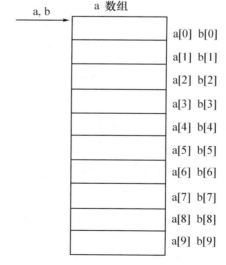

图 9-8

可知,实参数组和形参数组各元素之间并不存在"值传递",在函数调用前形参数组并不占用内存单元,在函数调用时,形参数组并没有另外开辟新的存储单元,而是以实参数组的首地址作为形参数组的首地址,这样实参数组 a 的第 0 个元素和形参数组 b 的第 0 个元素共占一个单元。同理,a[1]与 b[1]共占一个单元。如果在函数调用过程中使形参数组 b 的元素值发生变化也就使实参数组的元素值发生了变化。

请注意:在调用函数后,实参数组的元素值可能会发生改变,这种值的变化实际上并不是从形参传回实参的,而是由于形参与实参数组共享同一段内存而造成的。实际上不是将形参的值传回实参,数据的传递仍然是单向的(把实参数组首地址传给形参数组),函数调用结束后,实参数组各元素所在单元的内容已改变,当然在主调函数中可以利用这些已改变的值。

【例 9.7】将数组 a 中 n 个整数按相反顺序存放,见图 9-9 示意。

解此题的算法为:将 a[0]与 a[n-1]对换,再将 a[1]与 a[n-2]对换,……,直到将 a[(n-1)/2]与 a[n-1-int((n-1)/2)]对换。今用循环处理此问题,设两个"位置指示变量"i 和 j,i 的初值为 0,j 的初值为 n-1。将 a[i]与 a[j]交换,然后使 i 的值加 1,j 的值减 1,再将 a[i]与 a[j]对换,直到 i=(n-1)/2 为止。

程序如下:

```
void inv(x,n)
int x[ ],n;
{
    int t,i,j,m=(n-1)/2;
    for(i=0;i<=m;i++)
        {j=n-1-i;
            t=x[i];x[i]=x[j];x[j]=t;
        }
    return;
}
main()
{static int i,a[10]={2,8,15,20,-1,33,-7,3,18,0};
    printf("The original array:\n");
    for(i=0;i<10;i++)
        printf("%d",a[i]);
    printf("\n");
    inv (a,10);
    printf("The array has been inverted:\n");
    for(i=0;i<10;i++)
        printf("%d",a[i]);
    printf("\n");
}
```

| 2 | 8 | 15 | 20 | -1 | 33 | -7 | 3 | 18 | 0 |

| 0 | 18 | 3 | -7 | 33 | -1 | 20 | 15 | 8 | 2 |

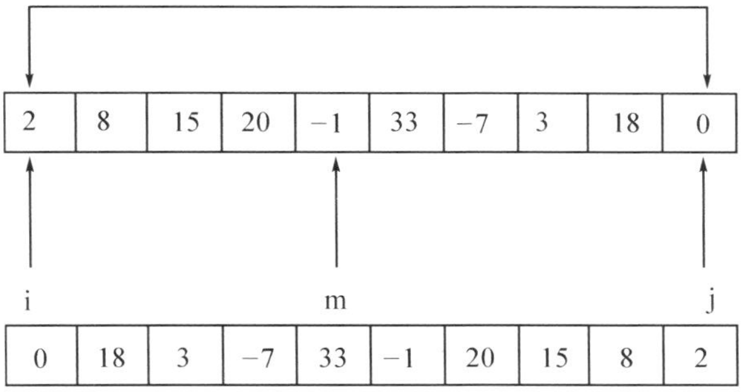

图 9-9

运行情况如下:

输入：The original array：

2，8，15，20，−1，33，−7，3，18，0

输出：The array has been inverted：

0，18，3，−7，33，−1，20，15，8，2

【例9.8】从10个数中找出其中最大值和最小值。

```
int max=0,min=0;
main()
{int i, a[10];
  printf("The original array:\n");
  for(i=0;i<10;i++)
    scanf("%d",&a[i]);
  max _____ min(a,10);
  printf("max=%d,min=%d\n",max,min);
}
max _____ min(b,n)
int b[ ],n;
{int *p,*q;
  q=b+n;
  max=min=*p;
  for(p=b+1;p<q;p++)
    if(*p>max) max=*p;
    else if(*p<min) min=*p;
  return;
}
```

运行结果如下：

输入：The original array：

2，8，15，20，−1，33，−7，3，18，0

输出：max=33，min=−1

归纳起来，如果有一个实参数组，想在函数中改变此数组的元素的值，实参与形参的对应关系有以下4种情况：

(1)形参和实参都用数组名，如：

```
main()              f(x,n)
{int a[10];          int x[ ],n;
    ⋮               {
  f(a,10);               ⋮
    ⋮               }
}
```

程序中的实参a和形参x都已定义为数组。传递的是a数组首地址。a和x共用一段内存单元，也可以说，在调用函数期间，a和x指的是同一个数组。

(2)实参用数组名,形参用指针变量。如:

```
main()                    f(x,n)
{int a[10];               int * x,n;
   ⋮                      {
   f(a,10)                   ⋮
   ⋮                      }
}
```

实参 a 为数组名,形参 x 为指向整型变量的指针变量,函数开始执行时,x 指向 a[0],即 x=&a[0]。通过 x 值的改变,可以指向 a 数组的任一元素。

(3)实参形参都用指针变量。例如:

```
main()                    f(x,n)
{int a[10], * p;          int * x,n;
   p=a;                   {
   ⋮                         ⋮
   f(p,10);               }
   ⋮
}
```

实参 p 和形参 x 都是指针变量。先使实参指针变量 p 指向数组 a,p 的值是 &a[0]。然后将 p 的值传给形参指针变量 x,x 的初始值也是 &a[0]。通过 x 值的改变可以使 x 指向数组 a 的任一元素。

(4)实参为指针变量,形参为数组名。如:

```
main()                    f(x,n)
{int a[10], * p;          int x[ ],n;
   p=a;                   {
   ⋮                         ⋮
   f(p,10);               }
   ⋮
}
```

实参 p 为指针变量,它的值为 &a[0]。形参 x 数组名。先使指针变量 p 指向 a[0],即 p=a 或 p=&a[0]。然后将 p 的值传给形参数组名 x,也就是使形参数组名 x 取得 a 数组的首地址,即:使 x 数组和 a 数组共用同一段内存单元。在函数执行过程中可以使 x[i] 值变化,它就是 a[i]。主函数可以使用变化了的数组元素值。

注意,如果用指针变量作实参,必须先使指针变量有确定值,指向一个已定义的数组。

以上四种方法,实质上都是地址的传递。

【例 9.9】用选择法对 10 个整数排序。

程序如下:

```
main()
{int * p,i,a[10];
   p=a;
```

```
for(i=0;i<10;i++)
   scanf("%d",p++);
p=a;
sort(p,10);
for(p=a,i=0;i<10;i++)
   {printf("%d",*p);p++;}
}
sort(x,n)
int x[ ],n;
{int i,j,k,t;
   for(i=0;i<n-1;i++)
      {k=i;
      for(j=i+1;j<n;j++)
         if(x[j]>k[k]) k=j;
if(k!=i)
         {t=x[i];x[i]=x[k];x[k]=t;}
}
}
```

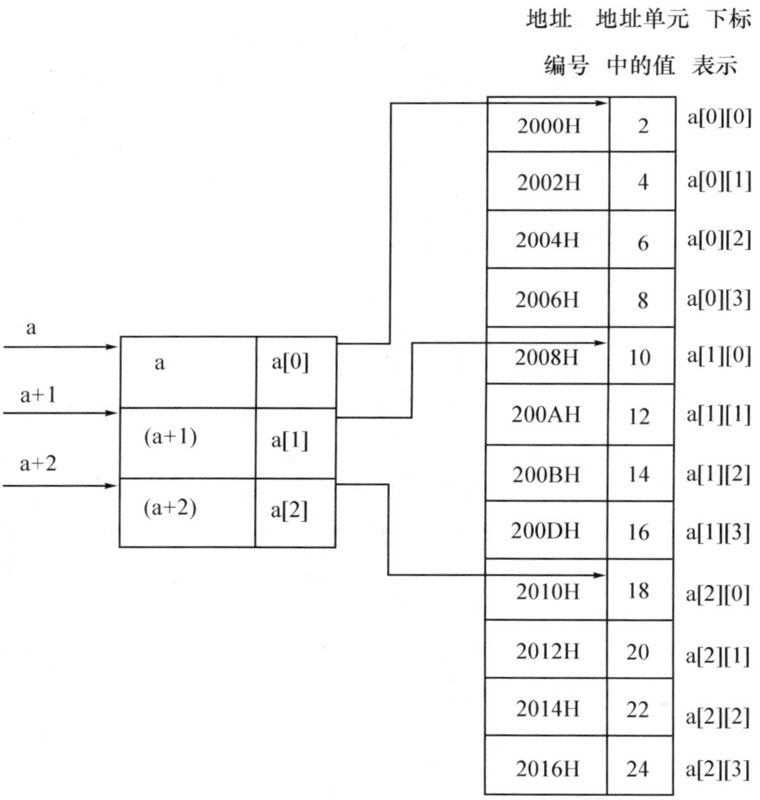

地址 编号	地址单元 中的值	下标 表示
2000H	2	a[0][0]
2002H	4	a[0][1]
2004H	6	a[0][2]
2006H	8	a[0][3]
2008H	10	a[1][0]
200AH	12	a[1][1]
200BH	14	a[1][2]
200DH	16	a[1][3]
2010H	18	a[2][0]
2012H	20	a[2][1]
2014H	22	a[2][2]
2016H	24	a[2][3]

a	a[0]
(a+1)	a[1]
(a+2)	a[2]

图 9—10

9.3.4 指向二维数组的指针和指针变量

前面已经讲过用指针变量可以指向一维数组,那么用指针如何指向二维数组。

设有一个二维数组 a,它有三行四列。

定义为:static int a[3][4]={{2,4,6,8},{10,12,14,16},{18,20,22,24}};

在内存中的存放形式:一般以行为主序存放,将数组元素按 a[0][0], a[0][1], a[0][2], a[0][3], a[1][0], a[1][1], a[1][2], a[1][3], a[2][0], a[2][1], a[2][2], a[2][3]的顺序存放.

对其理解:a 为数组名,a 数组包含三个元素:a[0],a[1],a[2]。而每个元素又是一个一维数组,它包含 4 个元素(即 4 个列元素),例如,a[0]所代表的一维数组又包含 4 个元素:a[0][0],a[0][1],a[0][2],a[0][3]。

从二维数组的结构上来看,a 代表整个二维数组的首地址,也是第 0 行的首地址。a+1 代表第 1 行的首地址。如果二维数组的首地址为 2000H,则 a+1 为 2008H,因为第 0 行有 4 个整型数据,因此 a+1 的含义是 a[1]的地址,即 a+4×2=2008H。a+2 代表第 2 行的首地址,它的值是 2010H,见图 9-10。

a[0]、a[1]、a[2]既然是一维数组名,而 C 语言又规定了数组名代表数组的首地址,因此 a[0]代表第 0 行中第 0 列元素的地址,即 &a[0][0]。a[1]是 &a[1][0],a[2]是 &a[2][0]。

请考虑:第 0 行第 1 列元素的地址怎么表示? 可以用 a[0]+1 来表示,见图 9-10。此时"a[0]+1"中的 1 是代表 1 个列元素的字节数,即 2 个字节。今 a[0]的值是 2000H,a[0]+1 的值是 2002H(而不是 2008H)。这是因为现在是在一维数组范围内讨论问题的,

前已述及,a[0]和 *(a+0)等价,a[1]和 *(a+1)等价,a[i]和 *(a+i)等价。因此,a[0]+1 和 *(a+0)+1 的值都是 &a[0][1](即图 9.10 中的 2002H)。a[1]+2 和 *(a+1)+2 的值都是 &a[1][2](即图中的 2012)。请注意不要将 *(a+1)+2 错写成 *(a+1+2),后者变成 *(a+3)了,相当于 a[3]。

进一步分析,欲想得到 a[0][1]的值,用地址法怎么表示呢? 既然 a[0]+1 和(a+0)+1,是 a[0][1]的地址,那么,*(a[0]+1)就是 a[0][1]的值。同理,*(*(a+0)+1)或 *(*a+1)也是 a[0][1]的值。*(a[i]+j)或 *(*(a+i)+j)是 a[i][j]的值。务请记住:*(a+i)和 a[i]是等价的。

1.下面列出用二维数组名表示二位数组的地址与元素的公式

假设 int i,j,a[3][4]={{2,4,6,8},{10,12,14,16},{18,20,22,24}};

/ *i 和 j 代表二维数组的行和列 * /

则

a=a[0]=&a[0][0]

a+i= *(a+i)=a[i]=&a[i][0]

*(a+i)+j=a[i]+j=&a[i][j]

((a+i)+j)= *(a[i]+j)=a[i][j]

举例说明:见表 9-3 数组元素的地址与数组元素的值的运算。

表9-3　　数组元素的地址与数组元素的值的运算

表示形式	含　义	地　址
a	二维数组名,数组首地址	2000H
a[0],*(a+0),*a	第0行第0列元素地址	2000H
a+1	第1行首地址	2008H
a[1],*(a+1)	第1行第0列元素地址	2008H
a[1]+2,*(a+1)+2,&a[1][2]	第1行第2列元素地址	200BH
(a[1]+2),(*(a+1)+2),a[1][2]	第1行第2列元素的值	元素值为14

2.二维数组的指针

(1)指向数组元素的指针变量。

【例9.12】用指针变量输出数组元素的值。

```
main()
{static int a[3][4]={{2,4,6,8},{10,12,14,16},{18,20,22,24}};
  int  * p;
  for(p=a[0];p<a[0]+12;p++)
    {if(((p−a[0])%4==0) printf("\n");
        printf("%4d", * p);
    }
}
```

运行结果如下：

2　4　6　8

10　12　14　16

18　20　22　24

p是一个指向整型变量的指针变量,它可以指向一般的整型变量,也可以指向整型的数组元素。每次使p值加1,以移向下一元素。

(2)指向一维数组的指针变量。

上例的指针变量p是指向整型变量的,p的值加1,所指的元素是原来p指向的元素的下一元素。可以改用另一方法,使p不是指向整型变量,而是指向一个包含m个元素的一维数组。如果p先指向a[0],则p+1不是指向a[0][1],而是指向a[1],p的增值以一维数组的长度为单位。

【例9.13】输出二维数组任一行任一列元素的值。

```
main()
{static int a[3][4]= {{2,4,6,8},{10,12,14,16},{18,20,22,24}};
  int ( * p)[4],i,j;
  p=a;
  scanf("%d%d",&i,&j);
  printf("a[%d][%d]=%d\n",i,j, * ( * (p+i)+j));
```

```
}
```
运行情况如下：

输入：1 2

输出：a[1][2]=14

解析：

1)"int(＊p)[4]"表示 p 是一个指针变量，它指向包含 4 个元素的一维数组。注意 ＊p 两侧的括号不可缺少，如果写成 ＊p[4]，由于方括号[ ]运算级别高，因此 p 先与[4]结合，是数组，然后再与前面的 ＊ 结合，＊p[4]是指针数组。"(＊p)[4]"这种形式不好理解。我们对下面二者作比较：

①int a[4];(a 有 4 个元素，每个元素为整型)

②int(＊p)[4];

第②种形式表示 ＊p 有 4 个元素，每个元素为整型，也就是 p 所指的对象是有 4 个整型元素的数组，即 p 是行指针。应该记住，此时 p 只能指向一个包含 4 个元素的一维数组，p 的值就是该一维数组的首地址。P 不能指向一维数组中的第 j 个元素。

2)p 的用法完全可以替代数组名 a，适合于数组 a 的运算完全适合于 p，但适合于 p 的运算并不能完全适合于 a。例如：

适合：p=p[0]=&p[0][0]

p+i=＊(p+i)=p[i]=&p[i][0]

＊(p+i)+j=p[i]+j=&p[i][j]

＊(＊(p+i)+j)=＊(p[i]+j)=p[i][j]

不适合：p++,++p,――p,p――的运算都是正确的，a++是错误的，a 在系统编译是已作为地址常量，它的值不允许再改变.

3.二维数组的指针作函数参数

一维数组的地址可以作为函数参数传递、二维数组的地址也可作函数参数传递。在用指针变量作形参以接受实参数组名传递来的地址时，有两种方法：①用指向变量的指针变量；②用指向一维数组的指针变量。

【例 9.14】有一个班，3 个学生，各学 4 门课，计算总平均分数，以及第 n 个学生的成绩。

这个题目本来是很简单的。只是为了说明用多维数组指针作函数参数而举的例子。用函数 average 求总平均成绩，用函数 search 找出并输出第 i 个学生的成绩。

程序如下：

```
main()
{void average();
    void search();
    static float score[3][4]={{65,67,70,60},{80,87,90,81},{90,99,100,98}};
    average(＊score,12);
    search(score,2);
}
void average(p,n)
float ＊p;int n;
```

```
{float  * p_end;
  float sum=0,aver;
  p_end=p+n-1;
  for(;p<=p_end;p++)
    sum=sum+( * p);
  aver=sum/n;
  printf("average=%5. 3f\n",aver);
}
void search(p,n)
float ( * p)[4];int n;
{int i;
  printf("the scores of No. %d are:\n",n);
  for(i=0;i<4;i++)
    printf("%5. 2f", * ( * (p+n)+i));
}
```

程序运行结果如下：

average=82. 25

the scores of No. 2 are：

90. 00　99. 00　100. 00　99. 00

在函数 main 中,先调用 average 以求总平均值。在函数 average 中形参 p 被说明为指向一个实型变量的指针变量。用 p 指向二维数组的各个元素,p 每加 1 就改为指向下一个元素。相应的实参用 * score,即 score[0]。形参 n 是元素的总个数,实参 12 表示要求 12 个元素值的平均值。函数 average 中的指针变量 p 指向 score 数组的某一元素(元素值为一门课的成绩)。Sum 是累计总分,aver 是平均值。在函数中输出 aver 的值,故函数无返回值。

函数 search 的形参 p 不是指向一般实型变量的指针变量,而是指向包含 4 个元素的一维数组的指针变量。实参传给形参 n 的值为 2,即找序号为 2 的学生的成绩(三个学生的序号分别为 0、1、2)。函数开始调用时,实参 score 代表该数组第 0 行首地址,传给 p,使 p 也指向 score[0]。p+n 指向 score[n], * (p+n)+i 是 score[n][i] 的地址, * (* (p+n)+i)是向 score[0]。p+n 指向 score[n], * (p+n)+i 是 score[n][i] 的地址, * (* (p+n)+i)是 score[n][i] 的值。现在 n=2,i 由 0 变到 3,for 循环输出 score[2][0] 到 score[2][3] 的值。

【例 9.15】在上题基础上,查找有一门以上课程不及格的学生,打印出他们的全部课程的成绩。

程序如下：

```
main()
{void average();
  void search();
  static float score[3][4]={{65,67,70,60},{80,87,90,81},{90,99,100,98}};
  search(score,3);
}
```

```
void search(p,n)
float（＊p）[4]；int n；
{int i,j,flag；
　for(j=0;j<n;j++)
　　{flag=0；
　　for(i=0;i<4;i++)
　　　if(＊(＊(p+j)+I<60) flag=1；
　　if(flag==1)
　　　{printf("No. %d is fail,his scores are:\n",j+1)；
　　　　for(i=0;i<4;i++)
　　　　　printf("%5.1f",＊(＊(p+j)+i))；
　　　printf("\n")；
　　　}
　}
}
```

程序运行结果如下：

No. 1　　　　fails,his score are：

65.0　　　　57.0　　　　70.0　　　　60.0

No. 2 fails,his score are：

59.0　　　　87.0　　　　90.0　　　　81.0

函数 search 中，flag 是作为标志的变量。先使 flag=0,若发现有一门不及格,则使 flag =1。最后用 if 语句检查 flag,如为 1,则输出其全部课程成绩。变量 j 代表学生号,i 代表课程号。

通过指针变量存取数组元素速度快,且程序简明。用指针变量作形参,可以允许数组的行数不同。因此数组与指针常常是紧密联系的,使用熟练的话可以使程序质量提高,且编写程序方便灵活。

9.4　指针与函数

9.4.1　指向函数的指针变量

指针既可以指向变量、数组和字符串,也可以指向函数。指向函数的指针的说明形式如下：

　　　<类型标识符>（＊<函数指针变量>)()；

这样就说明了<函数指针变量>是指向函数的指针而言,取内容就不是取得相应地址所存放的数值,而是表示执行由<函数指针变量>所指的函数,即（＊<函数指针变量>)() 表示执行<函数指针变量>所指的函数。

【例 9.16】求 a,b 两数中的较大者。

```
#include <stdio. h>
int min (int m,int n)
{if (m>n)
   return m;
   else   return n;
}
main()
{int   (*p)();
   int a,b,c;
   p=min;
   scanf("%d%d",&a,&b);
   c=(*p)(a,b);
   printf("a=%d,b=%d,min=%d\n,a,b,c);
}
```

本实例主要是为了说明指向函数的指针的概念,并不在于实用性。该例中说明了 p 是指向函数的指针,语句 p=min;使得 p 指向函数 min 的首地址,而语句 c=(*p)(a,b)表示执行 p 所指的函数,故该语句相当于 c=min(a,b)。

指向函数的指针的一个实际应用是将指向函数的指针作为函数的参数,这样就可以实现一个函数作为另一个函数的参数的功能。下面举例说明。

设有一个函数 general,调入它时,因参数的不同实现不同的功能。输入 a,b 两个数,第一次调用 general 时,找出 a 和 b 中大者,第二次调用 general 时找出其中小者,第三次调用 general 时求 a ,b 之和。

```
#include <stdio. h>
int max (int x,int y)
{return(x>y)? x:y;}
int min(int x,int y)
{return(x<y)? x:y;}
int add (int,x,int y)
{return x+y;}
void general (int x,int y,int (*fun))
{int result;
   result=(*fun)(x,y);
   printf("%d\n",result);
}
main()
{int a,b;
   printf("Enter a and b:");
```

```
scanf("%d%d",&a,&b);
printf("max=");
general(a,b,max);        /*max 自定义函数名*/
printf("min=");
general(a,b,min);
printf("sum=");
general(a,b,add);
}
```

程序输入：

      Enter a and b：−5 7

程序输出：

      max=7

      min=−5

      sum=2

程序中定义了 max,min,add 三个函数,分别完成求两个数中的较大者、较小者和两数和的功能。Main 函数第一次调用 general 函数时,除了将 a,b 作为实参传递给形参 m、n 外,还将函数 max 的首地址传递类型是指向函数指针的形象 fun,这样,fun 就指向函数 max,(*fun)(a,b)就等于执行 max(a,b),从而求出两数中的较大者,同理,第二次调用 general 时,fun 指向 min,从而求出两数中较小者,第三次调用 general 时,fun 指向 add 求出两者之和。

由上例可知,将指向函数的指针作为函数参数后,函数 general 具有通用性。

9.4.2 返回指针的函数

有时在程序设计中要求在函数调用结束以后返回地址值(指针),这样要求函数必须为指针类型,定义形式如下：

    <类型标识符> * <函数名>();

    int * p(x,y);

p 是函数名,调用它以后能得到一个指向整型数据的指针(地址)。x、y 是函数 p 的形参。请注意在 *a 两侧没有括号,在 a 的两侧分别为 * 运算符和()运算符。而()优先级高于 *,因此 a 先与()结合。显然这是函数形式。这个函数前面有一个 *,表示此函数是指针型函数(函数值是指针)。最前面的 int 表示返回的指针指向整型变量。

    int　* p();　　　　　表示该函数返回值类型为指向整型变量的指针

    float * q();　　　　　表示该函数返回值类型为指向实型变量的指针

【例 9.17】有若干个学生的成绩(每个学生有 4 门课程),要求在用户输入学生序号以后,能输出该学生的全部成绩。用指针函数来实现。

程序如下：

```
main()
{static float score[ ][4]={{60,70,80,90},{56,89,67,88},{34,78,90,66}};
    float * search( );
    float * p;
    int i,m;
    printf("enter the number of student:");
    scanf("%d",&m);
    printf("The scores of No. %d are:\n",m);
    p=search(score,m);
    for(i=0;i<4;i++)
        printf("%5.2f\t", * (p+i));
}
float * search(pointer,n)
float( * pointer)[4];
int n;
{float * pt;
    pt= * (pointer+n);
    return(pt);
}
```

运行情况如下:

enter the number of student:1<回车>

The scores of No. 1 are:

56.00　　　89.00　　　67.00　　　89.00

9.5 指针数组、指向指针的指针

9.5.1 指针数组

指针数组是其元素为指针的数组。其说明的一般形式为:

　　<类型标识符>　　* <数组名>[<常量表达式>];

例　　　　int * p[3];

因为[ ]的优先级比 * 的优先级高,所以 p 先与[3]结合,形成 p[3],表示 p 是一个具有 3 个元素的数组,然后 p 再与 * 结合,表示此数组是指针类型数组,即数组的每个元素 p[0],p[1],p[2]都是指向一个整型变量的指针。

　　若有　　　　int i,j,k;

再有　　　　p[0]=&i,p[1]=&j,p[2]=&k；

则结果可用图 9－11 形象地表示。

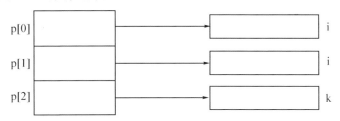

图 9－11　指针数组和它指向的对象

注意:p[0],p[1],p[2]的地址是连续的,但 i,j,k 的地址并不一定是连续的。

还需指出一点,int p[3]和 int（＊p)[3]的含义是不一样的,后者指的是指向有 3 个元素的一维数组的指针变量。

9.5.2　指向指针的指针

下面引入指向指针的指针这一概念。

若有说明　　　int　＊p,i；

和语句　　　　p=&i；

则有关系图 9－12：

图 9－12　指针和它指向的对象

即 p 指向 i,或者说是将 i 的地址送入 p 所对应的单元中。我们知道,p 本身也是有地址的,故也可引入一变量 pp 来存放 p 的地址,这就是指向 p 的指针,而 p 又是指向整型数据的指针,故 pp 被称指向整型数据的指针的指针,说明为：

int　＊＊pp；　若有语句　　pp=&p；

则有关系图 9－13：

图 9－13　指向指针的指针

正如指针和数组关系非常密切一样,指向指针的指针与指针数组关系也非常密切。

下面我们考虑这样一个问题,有四个字符串:"PASCAL"、"C"、"BASIC 和"FOR-TRAN"现要对这些字符串以字典顺序输出。

解决这一问题的一种方法是用二维字符数组,如:

```
void sort（char name[ ][8],int n)　／＊排序＊／
{char temp[8];
```

```
    int   i,j;
    for (i=0;j<n;i++)
       for(j=n-1;j>i;j--)
          if(strcmp(name[j-1],name[j]>0))
             {strcpy(temp,name[j-1]);
             strcpy(name[j],temp);}          /* name[j-1],name[j]是被比较的两个字
                                             符串的首地址 */
   }
void print(char name[ ][8],int n)            /* 打印 */
{int   i;
   for(i=0;i<n;i++)
      printf("%s\n",name[i]);}
main()
{
    char name[ ][8]={"PASCAL","C","BASIC","FORTRAN"};
    sort (name,4);
    sort (name,4);
}
```

上面采用了二维字符数组来存放字符串,见图9-14.

name

| PSSCALl\0 |
| C\0 |
| BASIC\0 |
| FORTRAN\0 |

排序前

name

| BASC\0 |
| C\0 |
| FORTRAN\0 |
| PASCAL\0 |

排序后

图9-14　用字符数组处理字符串

这样,每个字符串不论其实际长度是多少均需占据8个字节,存储空间占据较多。值得指出的是,在排序时字符串的存储位置作了交换,因此程序执行效率较低。

用指针数组 char * name[ ]={"PASCAL","C","BASIC","FORTRAN"};可解决上述问题,见图9-15。

相应的程序为:

【例9.18】指针数组处理字符串。

```
void sort(char * name[ ],int n)
{chr * temp;
   int i,j;
   for (i=0;i<=n-1;i++)
```

```
for(j=n-1;j>I;j--)
   if (strcmp(name[j-1],name[j])>0)
      {temp=name[j-1];
```

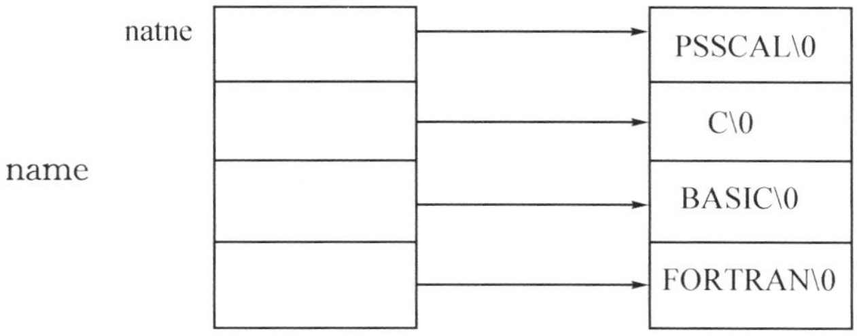

natne

name

排序前

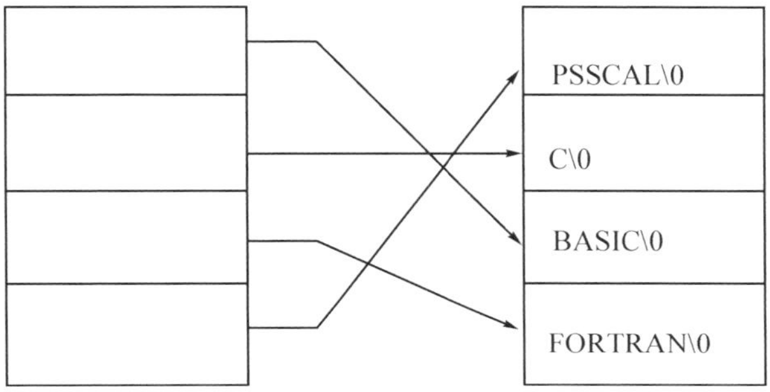

排序后

图 9-15　用指针数组处理字符串

```
      name[j-1]=name[j];
      name[i]=temp;              /* temp,name[j-1],name[j]都是指向字符数据的
                                    指针 */

      }
}
void print(char *name[ ],int n)
{int i,j;
   for(i=0;i<n;i++)
      printf{"%s\n",name[i];
}
main()
{char *progname[ ]={"PASCAL","C","BASIC","FORTRAN"};
   sort(progname,4);
   sort(progname,4);
}
```

这里要注意几个问题:

(1)主函数 main 中要用到函数 sort 和 print,因此必须将它们的定义或说明放在前面。

（2）sort 函数中的形参 name,形式上是数组,但在 C 语言中是作为指向指针的指针来处理的。sort 函数的另一种函数写法为 void sort(char ＊＊name,int n),这种更明确些,但易读性差。在 main 调用 sort 时,将实际参数指针数组 progname 的首地址送入形式参数 name 函数中,这样,name 就指向 progname,即：

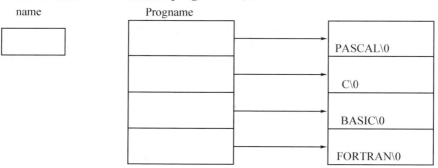

图 9－16　用指向指针的处理数据对象

（3）由指针和数组的关系知,sort 函数 name[i]即为 ＊[ame＋i],nane 的值为 prognamer 的首地址,故 ＊(name＋i)＝＝ ＊(progname＋i),也就是 progname[i]。总之,name[i]＝＝ progname[i],根据作用域规则,后者不能在 sort 函数中出现。因此,我们在 sort 函数中用 name[i]来代替 progname[i]。

（4）函数 sort 中,name[j－1],name[j]均为指向字符串的 strcmp(name[j－1],name[j]) 比较的是两个指针所指字符串的大小。综上所述,用指针数组来处理多个字符串可以节省内存空间(如"C"只需两个字节)同时排序时,交换的只是指针,而字符串本身并没有移动,这样程序的执行效率较高。

指向指针的指针的一个重要应用性是作为主函数 main 的形参。main 可带两个参数,其一段形式为：

```
main (int argc, char ＊argc[ ] )
```

第一个参数是整型,第二个参数是作为指向字符指针的指针来处理的。那么这两个参数如何得到具体的值呢？我们知道,在 DOS 命令提示下,可以键入一可执行文件名,还可以带参数,如 copy　oldfile　newfile 完成将 oldfile 复制成 newfile 的功能。假如 copy 是用 C 语言实现的,则相应的 argc 表示是参数的个数(可执行程序名),故 argc 的值为 3。而 argv 是指向指针的指针,＊argv, ＊(argv＋1), ＊(argv＋2)表示指向三个字符串"copy","old-file","newfile"的指针,如图 9－17.

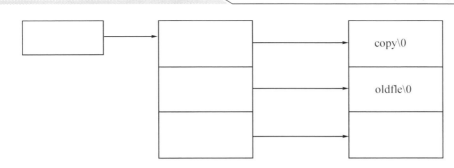

图 9—17 指向指针的指针的应用：命令行参数

由指针和数组的关系可知，字符串"copy"，"oldfile"，"newfile"分别由指针 arge[0]，argv[1]，argv[2]指出。

9.6 综合举例

使用指针可以提高程序的运行速度，节约内存空间，并使程序书写简洁。因此，C 语言提倡使用指针编程。但是指针使用好坏参半，如果使用不当，容易造成程序混乱，而且极不容易被发现。

下面列举一些指针应用中常用的技巧，希望读者能够仔细阅读，熟练掌握指针的用法。

【例 9.19】顺序查找。顺序查找又称线性查找，是最基本和最简单的查找方法，其过程是：从表头开始，根据给定的模式，逐项与表中元素比较。如果找到所需元素，则查找成功。如果整个表查找结束仍未找到所需的对象，则查找失败。

在 seqsrch 函数中有三个参数：

list——由指向字符串的指针组成的数组，其中每一指针向一个被查找的字符串；

object——字符数组，存放查找模式；

len——整型量，记录表的长度。

程序如下：

```
segsrch(list,object,len)
char  * list[ ];
char   object[ ];
int len;
{
   char   * * P;
   p=list;
   while(p<list+len)              /* p 没有到表尾，则循环 */
     if(strcmp( * p, object)= = 0)  /* 查找相等的字符串 */
       break;                     /* 相等，则退出循环 */
   else   p++;                    /* 不等，p 指针下移 1 */
       if(p<list+len)             /* 判断查找成功否 */
```

```
        printf("success! The sequential number=%d\n",p-list);
      else printf("Unsuccess!\n");
    }
    strcmp(s,r)
    char * s, * r;
    {
      for(; * s= = * r; s+)
        if ( * s = = '\0 ')
          ruturn(0);                      /* s,r 相等,返回 0 */
      return ( * s-r);                    /* s,r 不等, * s> * r 返回正数,否则为负
                                              数 */

    }
```

【例 9.20】折半查找法。折半查找是对有序进行查找的方法。其过程是:先取表中的中间一项 mid,与所找模式比较,若相等,则查找成功;若该项大于模式,则令 high=mid-1,否则令 low=mid-1,重新计算 mid 的值,然后进行比较。反复进行下去,直到查找成功。若查证失败,low>high,则报查找失败。

在 binsrch 函数中有三个参数:

list 是指向字符串指针构成的字符串指针数组,且所指向的字符串是经过排序的;

object 是字符数组,存放查找模式(要查找的字符串);

len 是整型量,记录表的长度。

程序如下:

```
binsrch(list,object,len)
char * list[ ];
char object[ ];
int len;
{
  int d;
  char * * low, * * high, * * mid;
  low=list;
  high=list * len-1;
  while(low<high)
    {
      mid=low+(high—low)/2;
      if((d=strcmp( * mid,object))<0)
        low=mid+1;
      else if(d>0)
        high=mid—1;
```

```
        else
            {
                printf("success! The sequential number =%d\n",mid—list);
                return;
            }
        }
    printf("Unsueecss!\n")
}
```

程序中,low 指向 list 的头;high 指向 list 的尾;mid 指向 list 的中间位置;d 用于判定继续查找应在前半部分进行,还是在后半部分进行,或者已查找成功。

以上两个例子算法具有通用性。程序中的参数被说明成字符指针数组和字符数组,从而实现对字符串的查找。如果把它们改成要查找饿数据类型,这两个函数就可完成相应的查找任务。

【例 9.21】编写一个函数,它将以秒为单位的总时间转换成小时、分钟、秒。显然在调用函数时,送给它一个以秒为单位的总时间,希望返回三个值:小时、分钟和秒。这可以用调用函数的方法得到其三个结果。

程序如下:

```
sec_to_tim(sun_s,hour,minute,second)
unsigned int  * sum_s;
unsign int  * hour, * minute, * second;
{
    * hour=sum_s/3600;
    * minute=(sum_s%3600)/60;
    * second=(sum_s%3600)%60;
}
main()
{ unsigned int tt,hh,mm,ss;
    printf("input seconds sum:");
    scanf("%u",&tt);
    sec_to_time(tt,&hh,&mm,&ss);
    printf("time is %u:%u\n",hh,mm,ss);
}
```

程序运行时提示:input second sum:3600

输出:time is 1:0:0

再次运行,提示:input second sum:43526

输出:time is 12:5:26

【例 9.22】采用选择排序法对 10 个整数排序。

程序如下：

```
main()
{
    int * p,i,a[10];
    p=a;
    for(i=0;i<10;i++)
      scanf("%d"4,p++);
      p=a;
      sort(p,10);
      for(p=a,i=0;i<10;i++)
      {
          printf("%d", * p);
          p++;
      }
}

sort(x,n)
int * x,n;
{
    int i,j,k,t;
    for(i=0;i<n-1;i++)
      {
          k=i;
          for(j=i+1;j<n;j++)
            if( * (x+j)> * (x+k))k=j;
          if(k!=i)
            {
                t= * (x+i)= * (x+k);
              (x+i)= * (x+k);
          * (x+k)=t;
    }
    }
    }
```

在程序中有三处出现了 p=a 语句：第一处给指针 p 赋初值，使 p 指向数组 a；第二处的 p=a，是因为经过了 for(i=0;i<10;i++)scanf('%d',p++);操作后，p 被改变了。p 指向了数组的末尾，因此，需要让它指向数组 a 的首地址，为调用函数 sort 做好准备；第三处当 sort 函数返回时，又对 p 做了一次赋值操作，使它指向 a 的首地址。原因是在调用函数时 p 的值发生了变化。由此可见，在编程时随便要关注指针的变化。试想程序如果不做这三次 p=a

操作,程序的结果将是一片混乱。

【例 9.23】有一个班,3 个学生,各学 4 门课,计算总成绩,以及第 n 个学生的成绩。用函数 average 求总平均成绩,用函数 search 找出并输出第 i 个学生的成绩。

程序如下:

```
main()
{
    void   average();
    void   search();
    static   float   score[3][4]={{65,67,70,60},{80,87,90,81},{90,99,100,98}};
    average(score,12);
    search(score,2);
}
void average(p,n)
float * p;
int n;
{
    float  * p_end;
    float sum=0,aver;
    p_end=p+n-1;
    for(;p<p_end;p++)
        sum+= * p;
    aver=sum/n;
    printf("average=%5.2f\n",aver);
}
void search(p,n)
float ( * p)[4];
int n;
{
    int   i;
    printf("the score of No. %d are:\n"n);
    for(i=0,i<4;i++)
        printf("", * ( * (p+n)+i));
}
```

程序运行结果:

average=82.85

the score of No. 2 are:

90.0 99.00 100.00 99.00

在函数 average 中,形参 p 被说明为指向一个实型变量的指针变量。用 p 指　向二维数组各元素,p++就变成指向下一个元素。对应的实参是 score,即二维数　组的首地址。形参 n 是元素的个数,实参 12 表示求 12 个元素的平均值。函数 search 的形参 p 被说明成指向包含 4 个元素的一维数组的指针变量。实参传给形参 n 的值为 2,即输出序号为 2 的学生的成绩。函数调用,实参传给形参 p 是二维数组的首地址,也就是第 0 行的首地址。p+n 指向 score[n],*(p+n)+i 是 score[n][i]的地址,而 *(*(p+n)+i)是 score[n][i]的值。当 n=2,i 由 0 变到 3,就取顺序取出了第二位学生的 4 门课成绩。

【例 9.24】函数 encode()和()分别实现对字符串的变换和复原。变换函数 en－code()顺序考察已知字符串的字符,按以下规则逐组生成新字符串:

若已知字符串的当前字符不是数字字符,则复制该字符于新字符串中。

若已知字符串的当前字符是一个数字字符,且它之后没有后继字符,则简单地将它复制到新字符串中。

若已知字符串的当前字符是一个数字字符,并且还有后继字符,设该数字字符的面值为 n,则将它的后继字符(包括后继字符是一个数字字符)重复复制 n+1 次到新字符串中。

以上述一次变换为一组,在不同组之间另插入一个下划线字符"_"用于分隔。例如:encode()函数对字符串 26a3t2 的变换结果 666_a_tttt_2。复原函数 decode()作变换函数 encode()的相反的工作。即复制不连续相同的单个字符,而将一组连续相同的字符(不超过 10 个)变换成一个用于表示重复次数的数字符和一个重复出现的字符,并在复原构成中掠过变换函数为不同组之间添加的一个下划线字符。

程序如下:

```
int encode (char * instr, char * outstr)
{
    char * ip, * op, c;
    int k,n;
    ip=instr;
    op=outstr;
    shile( * ip)                              /* 判断输入字符串是否结束 */
        {
        if ( * ip>='0'&& ip<='9'&& (ip+1))    /* ip 所指字符是数字且下一个字符
                                                 不是字符串的结尾 */
            {
            n= * ip-'0'+1;                     /* 计算复制字符的次数 */
            c= * ++ip;                         /* c 指向下一个字符 */
            for(k=0;k<n;k++)
                op++=c;                        /* 在 op 中写入 n 个 c */
            }
        else   * op++= * ip;                   /* 否则将 ip 所指向字符简单的复
```

```
                                              制到 op 中 * /
        * op++='_';                  / * 在 op 中添加分隔符 '_' * /
   ip++;                             / * ip 指向下一个字符 * /
     }
   if (op>outstr) op--;
     * op='0';
   return op-outstr;                 / * 返回值是变化后字体串长度 * /
}
int decode(char * instr, char * oustr)
{
   char   * ip ,   * op, c;
   int   n;
   ip=instr,op=oustr,
   while( * ip)
     {
       c= * ip; n=0;
       while( * ip==c&&n<10){ip++;n++;} / * 计算重复字符的个数 * /
       if(n>1) * op++='0'+n-1;        / * 将重复次数减 1 复制到 op 中 * /
         op++=c;                      / * 将字符 c 写入 op * /
       if( * ip=='_')ip++;           / * 跳过分隔符 '_' * /
     }
   * op='\0';
   return op-outstr;
}
```

encode()函数一开始,将输入字符串 instr 和输出字符串 outstr 的值分别赋给字符型指针 ip 和 op,这时,ip 和 op 就分别指向了 instr 和 outstr 的第一个字符. * ip 就代表了 instr 的第一个字符。随着 ip 和 op 值的变化(加 1),对 * ip 和 * op 的操作就相当于对 instr 和 outstr 相应位置的字符的操作。程序的逻辑非常清楚,读者对照着注释理解应该不会很困难。特别需要注意的是程序中对字符指针的操作,如 * (ip+1)代表 ip 所指的下一个字符的值,ip 的值并没有变化; * ++ip 表示先将 ip 值加 1,再取 ip 所指字符的值,这里 ip 的值发生了变化; * ip++表示先取 ip 所指字符的值,再将 ip 的值加 1。这些操作充分体现了在 C 语言中指针运算的灵活性和复杂性,读者要仔细体会这些用法,深刻理解指针的概念。

本章小结

本章中介绍了指针的基本概念和初步应用,以下几个问题值得注意。

1. 指针变量加(减)一个整数

例如:p++、p--、p+i、p-i、p+=i、p-=i 的结果是什么? C 语言规定,一个指针变量加(减)一个整数并不是简单 地将指针变量的原值加(减)一个整数,而是将该指针 变量的原值(是一个地址)和它指向的变量所占用的内存单元字节数相加(减)。如 p+i 代表地址计算:p+C*i。C 为字节数,在大多数微机 C 系统中,对整型数据 C=2,实型 C=4,字符型 C=1。这样才能保证 (p+i)指向 p 下面的第 i 个元素,它才有实际意义。

2. 指针变量赋值将一个变量地址赋给一个指针变量

如:

　　p=&a(将变量 a 的地址赋给 p)

　　p=array;(将数组 array 首地址赋给 p)

　　p=&array[i];(将数组 array 第 i 个元素的地址赋给 p)

　　p=max;(max 为已定义的函数,将 max 的入口地址赋给 p)

　　p1=p2;(p1 和 p2 都是指针变量,将 p2 的值赋给 p1)

注意:不应把一个整数赋给指针变量。如:

　　p=1000;

有人以为这样可以将地址 1000 赋给 p。但实际上是做不到的。只能将变量已分配的地址赋给指针变量。

同样也不应把指针变量 p 的值(地址)赋给一个整型变量 i:

　　i=p;

3. 指针变量可以有空值,即该指针变量不指向任何变量,可以这样表示:p=NULL;

实际上 NULL 是整数 0,它使 p 的存储单元中所有二进位均为 0,也就是使 p 指向地址为 0 的单元。系统保证使该单元不作它用(不存放有效数据),即有效数据的指针不指向 0 单元。实际上是先定义 NULL,即

　　#define NULL 0

　　…

　　p=NULL;

在 Studio. h 头文件中就有以上的 NULL 定义,它是一个符号常量。

用"p=NULL;"表示 p 不指向任一有用单元。应注意,p 的值为 NULL 与未对 p 赋值是两个不同的概念。前者是有值的(值为 0),不指向任何变量,后者虽未对 p 赋值但并不等于 p 无值,只是它的值是一个无法预料的值,也就是 p 可能指向一个事先未指定的单元。这种情况是很危险的。因此,在引用指针变量之前应对它赋值。

任何指针变量或地址都可以与 NULL 作相等或不相等的比较,如 if(p==NULL)…

4. **两个指针变量可以相减** 如果两个指针变量指向同一个数组的元素,则两个指针变量值之差是两个指针之间的元素个数

假如 p1 指向 a[1],p2 指向 a[4],则 p2−p1=4−1=3。

但 p1+p2 并无实际意义。

(5) **两个指针变量比较** 若两个指针指向同一个数组的元素,则可以进行比较。指向前面的元素的指针变量"小于"指向后面元素的指针变量。如图 9−18 中,p1<p2,或者说,表达式"p1<p2"的值为 1(真),而"p2<p1"的值为 0(假)。注意,如果 p1 和 p2 不指向同一数组则比较无意义。

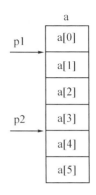

图 9−18

5. **使用指针的优点**

(1)提高程序效率。

(2)在调用函数时变量改变了的值能够为主调函数使用,即可以从函数调用得到多个可改变的值。

(3)可以实现动态存储分配。

但是同时应该看到,指针使用实在太灵活,对熟练的程序人员来说,可以利用它编写出颇有特色的、质量优良的程序,实现许多用其他高级语言难以实现的功能,但也十分容易出错,而且这种错误往往难以发现。由于指针运用的错误甚至会引起使整个程序遭受破坏,比如由于未对指针赋值就向 * p 赋值,这就可能破坏了有用的单元的内容。有人说指针是有利有弊的工具,甚至说它"好坏参半"。的确,如果使用指针不当,特别是赋予它一个错误的值时,会成为一个极其隐蔽的、难以发现和排除的故障。因此,使用指针要十分小心谨慎,要多上机调试程序,以弄清一些细节,并积累经验。

第 10 章　　结构体和共用体

【内容提要】

为满足程序设计对复杂数据类型、特殊数据的要求,本章主要介绍了结构体的基本概念、结构体的定义和使用方法;结构体数据类型及结构体变量的定义、使用和初始化;结构体数组的定义、成员引用、初始化;结构体指针变量的定义、使用。

【考点要求】

通过本章的学习,要求学生能够掌握结构体、共用体的概念,掌握其类型、变量与数组的定义方式和应用方法,熟悉结构体指针变量的概念、定义和使用方法、能应用这两种构造数据类型来解决一些实际问题,熟悉枚举类型、类型重定义的概念和应用方法。

10.1　结构体

在实际问题中我们常常要管理一些比较复杂的数据,例如一张学生信息表(表 10－1 所示),表中的每一行反映了一个学生的综合信息,是一个学生的整体数据。每一个数据,都由多个数据项组成,包括学生的学号、姓名、性别、年龄、成绩、地址等,各数据项的数据类型也不尽相同。要表示这样一个组合数据,仅靠单一的任何一种数据类型,如整型、实型、数组等,都是不能实现的。为了有效地处理这样一类组合数据,C 语言提供了一种"结构体"技术,它可以把多个数据项组合起来,作为一个数据整体进行处理。

表 10－1　学生信息表

学　号	姓　名	性　别	年　龄	成　绩	家庭住址
11001	张帆	F	20	91.5	Beijing
11002	田红	F	21	87.0	Xian
11003	朱子墨	M	19	94.5	Guangzhou
11004	刘丽安	F	22	80.5	Shanghai
11005	王强	M	21	84.0	Chongqing

"结构体"是一种构造类型,它是由若干"成员"组成的。每个成员可以具有不同的数据类型。结构体类型和系统预定义的标准类型 int、float 等不同,不能直接使用,必须由程序员根据需要先进行定义,然后才能使用。

10.1.1　结构体类型定义

定义结构体类型的一般形式为:

struct　结构体名

{

　　成员表列

};

注意事项：

(1)struct 是关键字,是结构体类型定义和使用时不可缺少的标识符。

(2)"结构体名"是用户定义的结构体的名字,应满足标识符命名规则,在以后定义结构体变量时,使用该名字进行类型标识。

(3)"成员表列"是对结构体数据中所包含的每一个数据项的数据说明,其格式与声明一个变量的数据类型是相同的：

```
{
    数据类型名 1    成员名 1;
    数据类型名 2    成员名 2;
    ……
    数据类型名 n    成员名 n;
};
```

每个成员的后面用分号结束,数据类型相同的成员可用一条语句说明,例如：

数据类型名　成员名 1,成员 2;

(4)结构体名称可以省略,此时定义的结构称为无名结构。不能再以此结构体类型去定义其他变量。这种方法用的不多。

(5)整个结构体定义语句用分号结束。

(6)结构体成员的数据类型可以是基本数据类型、数组、指针或结构体类型等。

(7)结构体成员名允许和程序中的其他变量同名,二者不会混淆。

以下是对学生信息表组合数据的结构体类型定义：

```
struct student
{
    int num;                    /* 学号 */
    char name[20];              /* 姓名 */
    char sex;                   /* 性别 */
    int age;                    /* 年龄 */
    float score;                /* 成绩 */
    char addr[50];              /* 家庭地址 */
}
```

使用上述方式,定义了一种名为 student 的结构体数据类型,它包括 num、name、sex、age、score、addr6 个不同数据类型的数据项,亦即由 6 个成员组成。该类型一旦定义之后,在程序中就和系统提供的其他数据类型一样使用。

10.1.2　结构体变量的定义

定义结构体变量有以下三种方式：

方式 1:先定义结构体类型,再定义结构体变量

```
struct    结构体名
{
    成员表列
};
struct    结构体名 结构体变量列表;
```

结构体变量列表是由若干个变量名组成,变量名之间用逗号分隔。

例如上一节已经定义了一个 struct   student ,可以用它来定义结构体变量。

```
struct student stu1,stu2;
```

stu1,stu2 就是具有 struct student 结构的结构体变量。

方式 2:在定义结构体类型的同时定义结构体变量

一般格式如下:

```
struct 结构体名
{
    成员说明表列
}结构体变量 1,结构体变量 2,…,结构体变量 n;
```

例如:

```
struct student
{
    int num;
    char name[20];
    char sex;
    int age;
    float score;
    char addr[50];
}stu1, stu2;
```

方式 3:不用出现结构体名,直接定义结构体变量

一般形式如下:

```
struct
{
    成员说明表列
}结构体变量 1,结构体变量 2,…,结构体变量 n;
```

例如:

```
Struct
{ char xm[20], xb, dh[12];        / * 姓名,性别,电话 * /
    int n1;                       / * 年龄 * /
}cy1, cy2;
```

10.1.3　结构体变量的初始化

所谓结构体变量的初始化,就是在定义结构体变量的同时,对其成员赋初值。赋值时应按照成员的顺序、类型指定初值。结构体初始化的一般形式如下:

struct 结构体名 结构体变量={初始化数据};

注意事项:

①"{ }"中的初始化数据用逗号分割。

②初始化数据的个数与结构体成员的个数应相同,它们是按照成员的先后顺序一一对应赋值的,跟数组的初始化相同。

③每个初始化数据必须符合与其对应的成员的数据类型。

例如:

```
struct student
{
    int num;
    char name[20];
    char sex;
    int age;
    float score;
    char addr[50];
}stu={11006,"李佳",'F',19, 85.5, "shanghai"};
```

由初始化数据可见,num、age、score 对应的数据为数值型常数,name、addr 对应的数据为字符串,sex 对应的数据为字符型常量。

10.1.4　结构体变量成员的引用

结构体作为若干成员的集合是一个整体,但在使用结构体时,不仅要对结构整体进行操作,而且更多的是要访问结构中的每个成员。

引用结构体变量成员的一般形式是:

结构体变量名 . 成员名

例如,stu1. name, stu1. age, stu1. num 等。

"."是结构体成员运算符,"."操作的优先级在 C 语言中是最高的,其结合性为从左到右。明确这些概念对分析和掌握访问成员的复杂操作及运算的先后次序是很必要的。

【例 10.1】输入一个学生的一组数据,然后输出其姓名、年龄和地址。

```
#include <stdio. h>
struct student
{
    int num;
    char name[20];
```

```
        char sex;
        int age;
        float score;
        char addr[50];
    }stu;
    void main()
    {
        printf("Please Enter num,age,score,sex: ");
        scanf("%d,%d,%f,%c",&stu.num,&stu.age,&stu.score,&stu.sex);
        printf("Enter name: ");
        getchar();
        gets(stu.name);

        printf("Enter address: ");
        getchar();
        gets(stu.addr);
        printf("num:%d, name:%s, age:%d, sex:%c, score:%f, address:%s \n",stu.
    num,stu.name,stu.age,stu.sex,stu.score,stu.addr);

    }
```

程序运行后,屏幕显示:

Please Enter num,age,score,sex:11002,20,85,5,F ↙

Enter name:LiQing ↙

Enter address:JiangSu NanJing ↙

Num:1002, name:LiQIng, age:20, sex:F, score:85.500000, address:JiangSu Nan-jing

10.2　结构体数组

数组元素是结构体类型的数组,称为结构体数组。与一般的数组一样,结构体数组具有数组的一切性质。

10.2.1　结构体数组概述

结构体数组是具有数组性质的结构体变量,它的定义方法与其他结构体变量的定义方法相同,只需用数组的形式对变量说明即可。

例如,为记录一个班级学生的基本情况,我们定义一个 info 数组,数组类型为 student 结构体类型,可以用以下方法对 info 进行定义:

（1）先定义结构体类型，然后用结构体类型定义数组变量。例如：

  struct student info［100］；

该语句定义了类型为 struct student 的结构体数组 info，有 100 个元素，每个元素都为 struct student 类型。

要访问结构体数组中的具体结构体，必须遵守数组使用的规定，按数组名及其下标进行访问，要访问结构体数组中某个具体结构体下的成员，又要遵守有关访问结构体成员的规定。访问结构体数组成员的一般格式如下：

  结构体数组名［下标］. 成员名

例如，用以下语句可访问一个数组元素的 score 成员：

  information［20］. socre＝91.5；

（2）在定义结构体类型的同时，定义数组变量，该结构体类型可以是有名类型，也可以是无名类型。例如：

```
struct date              或          struct
{                                   {
int year，month，day；                int year，month，day；
}date1［10］,date2［10］;              } date1［10］,date2［10］;
```

10.2.2　结构体数组的初始化

结构体数组的初始化，就是在定义结构体数组的同时，为结构体数组元素赋初值。例如，定义一个 struct student 类型的结构体数组，并用表 10.2 的数据为其初始化：

```
Struct student info［3］＝{{110001,"LiuYe",'M',20,90.5,"BeiJing"},
                        {110002,"WangYan",'F',19,85.5,"NanJing"},
                        {110003,"XiaFan",'F',18,95.5,"XiAn"}};
```

初始化后的 info 数组如表 10—2 所示。

表 10—2

	num	name	sex	age	score	addr
info［0］	110001	LiuYe	M	20	90.5	BeiJing
info［1］	110002	WangYan	F	19	85.5	NanJing
info［2］	110003	XiaFan	F	18	95.5	XiAn

与其他类型的数组初始化一样，初始化时对数组的定义也可以省略数组长度，编译时，系统根据给出的初值个数自动确定数组长度。

【例 10.2】利用结构体数组，计算学生的平均成绩和不及格的人数。

分析：首先定义一个结构体数组用来存储学生信息，然后通过初始化结构体数组的方法存储学生信息，利用循环语句统计结构体数组中学生的总成绩和不及格人数，最后输出总成绩、平均成绩和不及格的人数。

程序代码如下：

  #include<stdio. h> /∗定义一个结构体数组并初始化∗/

```
struct student
{
    int num;
    char name[20];
    char sex;
    int age;
    float score;
    char addr[50];
}stu[4]={{110001,"LiuYe",'M',20,55.5,"BeiJing"},{110002,"WangYan",'F',19,
85.5,"NanJing"},{110003,"XiaFan:,'F',18,95.5,"XiAn"},{110004,"ZhuJiaWen",'F',
18,80,"GuangZhou"}};
void main()
{ int i, c=0;
    float ave,s=0;
    for(i=0;i<4;i++)
        {
            s+=stu[i]. score;
            if(stu[i]. score<60)
                c++;
        }
    printf("s=%5. 1f ",s);
    ave=s/5;
    printf("average=%4. 1f cout=%d\n",ave,c);
}
```

程序运行结果：

s=316. 5　average=63. 3　cout=1

10.3　结构体指针

指向结构体变量的指针,简称为结构体指针。与其他类型的指针一样,结构体指针既可以指向单一的结构体变量,也可以指向结构体数组变量,结构体指针还可以作函数的参数。

1. 结构体指针变量的定义

结构体指针变量的定义方法与结构体变量定义的方法相似。

方法1:先定义结构体类型,后定义结构体指针变量和结构体变量;

```
struct point
{
    double x, y, z;
```

```
};
struct point  * p1, p2;
```

方法 2:结构体类型与结构体指针变量、结构体变量同时定义;

```
struct point
{
    double x, y, z;
} * p1,p2;
```

上述两种定义方法中,p1 为结构体指针变量,它既可以指向单一的结构体变量,也可以指向结构体数组。p2 为结构体变量。

2. 结构体指针变量的初始化

结构体指针变量初始化的方式与基本数据类型指针变量的初始化相同,在定义的同时赋予它一个结构体变量的地址。在实际的应用过程中,可以不对其进行初始化,但是在使用前必须通过赋值表达式赋予有效的地址值。

例如:

```
struct point * p1, * p2, p3, p4[10];
p1=&p3;            / * p1 指向结构体变量 p3 * /
p2=p4;            / * p2 指向结构体数组变量 p4 * /
```

3. 结构体指针变量的引用

结构体指针变量在存储结构体变量地址之后,就能通过结构体指针变量间接的引用结构体变量及其成员变量。

通过指向结构体的指针变量访问其所指结构体变量成员的一般形式为:

(* 结构体指针变量). 成员名

或　结构体指针变量—>成员名

例如:(* p1). y　, p1—>y

它们是等价的,都代表结构体的成员变量。对它们进行操作,像操作简单变量一样。

【例 10.3】

```
#include<stdio. h>
struct student        / * 定义一个结构体数组并初始化 * /
{
    int num;
    char name[20];
    char sex;
    int age;
    float score;
    char addr[50];
}stu[4]={{110001,"LiuYe",'M',20,55.5,"BeiJing"},{110002,"WangYan",'F',19,
85.5,"NanJing"},{110003,"XiaFan",'F',18,95.5,"XiAn"},{110004,"ZhuJiaWen",'F',
```

```
18,80,"GuangZhou"}};
    void main()
    {
        struct student * s;
        printf("\nStudentNo. NameScore\n");
        for(s=stu;s<stu+4;s++)
            printf("%-13d%-10s%6.1f\n",s→num,s→name,( * s). score);
    }
```

程序运行结果：

```
StudentNo. Name        Score
110001LiuYe    55.5
110002WangYan        85.5
110003XiaFan        95.5
110004ZhuJiaWen    80.0
```

10.4　共用体

所谓共用体数据类型是将不同数据类型的数据项存放于同一段内存单元的一种构造数据类型。共用体类型定义与结构体类型相似,在一个共用体内也可以定义多种不同数据类型的成员;但共用体变量与结构体变量不同,在一个共用体类型的变量中,其所有的成员共用同一块内存单元,因此,虽然每一个共用体变量成员均可以被赋值,但只有最后一次赋的值能够保存下来,而先前的成员赋值均被最后的赋值覆盖了。

10.4.1　共用体类型的说明和变量定义

1.共用体类型的说明

共用体类型说明的一般形式为：

```
    union 共用体标识名
{类型名 1   共用体成员名1；
    类型名 2   共用体成员名2；
    …
    类型名 n   共用体成员名n；
};
```

例如以下形式定义了数据类型名为 union un_1 的共用体数据类型：

```
union un_1
{ int i;
    float x;
    char ch;
```

};

其中 union 是关键字,是共用体类型的标志。Un_1 是共用体标识名,"共用体标识名"和"共用体成员名"都是由用户定义的标识符。按语法规定,共用体标识名是可选项,在说明中可以不出现。共用体中的成员可以是简单变量,也可以是数组、指针、结构体和共用体(结构体的成员也可以是共用体)。

2.共用体变量的定义

共用体变量的定义和结构体变量的定义相似,也可以采用四种方式。例如:

union un_1

{ int i;

　　double x;

}s1,s2,* p;

这里变量 s1 的存储空间如图 10—1 所示。

图 10—1　共用体成员共用存储单元示意图

说明:

(1)共用体变量在定义的同时只能用第一个成员的类型的值进行初始化,因此,以上定义的变量 s1 和 s2,在定义的同时只能赋予整型值。

(2)可以看出:共用体类型变量的定义,在形式上与结构体变量的定义非常相似,但它们是有本质区别的:结构体变量中的每个成员分别占有独立的存储空间,因此结构体变量所占内存字节数是其成员所占字节数的总和;而共用体变量中的所有成员共享一段公共存储区,所以共用体变量所占内存字节数与其成员中占字节数最多的那个成员相等。若 int 型占 2 个字节,double 型占 8 个字节,则以上定义的共同体变量 s1 占 8 个字节,而不是 2+8=10 个字节。

(3)由于共同体变量中的所有成员共享存储空间,因此变量中的所有成员的首地址相同,而且变量的地址也就是该变量成员的地址。例如:&s1==&s1.i=&s1.x。

10.4.2　共用体变量的引用

1.引用语法

共用体变量的引用,遵循结构体变量的引用规则,通过共用体变量,引用其成员变量的三种形式如下:

(1)共用体变量名．成员名

(2)指针变量名—>成员名

(3)(* 指针变量名).成员名

例如:若 s1、s2 和 p 的定义如前例,且有 p=&s1,则 s1.i、s1.x 或 p—>i、p—>x、(* p).i、(* p).x 都是合法的引用形式。

共用体变量中的成员变量同样可参与其所属类型允许的任何操作。但在访问共用体变量中的成员时应注意:共用体变量中起作用的是最近一次存入的成员变量的值,原有成员变量的值将被覆盖。例如:

```
s1. x=123.4；
s1. i=100；
printf("%fn",s1. x)；
```

在此程序段中，最近一次是给共用体变量 s1 中的整型成员变量 s1. i 赋值，在输出语句中输出项是共用体变量 s1 中的浮点型成员变量 s1. x。这时系统并不报错，但输出的结果既不会是 123.4，也不是 100.0。系统将按照用户选择的成员类型（double）来解释公用存储区中存放的数值（100）。

2．共用体变量的整体赋值

ANSI　C 标准允许在两个类型相同的共用体变量之间进行赋值操作。设有：s1. i=5，则执行：

```
s2=s1；
printf("%d\n",s2. i)；
```

输出的值为 5。

3．向函数传递共用体变量的值

同结构体变量一样，共用体类型的变量可以作为实参进行传递，也可以传递共用体变量的地址。

【例 10.4】利用共用体类型的特点分别取出 short 型变量高字节和低字节中的两个数。

```
#include<stdio. h>
union change
{ char c[2]；
    int a；
}un；
void main()
{un. a=16961；
    printf("%d,%c\n",un. c[0],un. c[0])；
    printf("%d,%c\n",un. c[1],un. c[1])；
}
```

程序运行结果：

65，A

66，B

共用体变量 un 中包含两个成员：字符型数组 c 和 short 型变量 a，它们恰好都占两个字节的存储单元。由于是共用存储单元，给 un 的成员 a 赋值后，内存中数据的存储情况如图 10-2 所示。

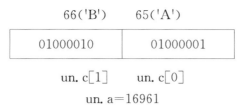

$$un.a=16961$$

图 10—2　共用体成员赋值后数据存储示意图

当给成员 un.a 赋值 16961 后,系统将按 short 整型把数存放到存储空间中,分别输出 un.c[1]、un.c[0] 即完成把一个 int 整型数分别按高字节和低字节输出。

3. 共用体数据特点

(1)共用体变量中起作用的成员是最后一次存放的成员,在存入一个新的成员后原有的成员就失去作用,即共用体变量中的值是最后一次存放的成员的值。例如,对以下赋值语句,当依次执行之后,只有第三个赋值语句起作用:

U1.i=1;

U1.ch='a';

U1.f=1.5;

若此时使用成员 i 或者 ch 的值则无任何意义。

(2)与结构体变量不同,共用体变量不能初始化,下面的用法是完全错误的。

union data

{　int I;

　char ch;

　float f;

}a={1,'a',1.5};

(3)共用体变量的地址和它的各成员的地址都是同一个地址值,如 &u1、&u.i、&u.ch、&u.f 是相同的。

【例 10—5】分析以下程序的执行结果。

```
#include <stdio.h>
union                           /*定义共用体*/
{   long i;
    int  k;
    char m;
    char s[4];
}part;                          /*定义共用体变量 part*/
void main()
{
    part.i=0x12345678;          /*通过共用体中的 long 型成员 i 为共用体赋初
                                  值*/
    printf("part.i=%lx\n",part.i); /*分别输出共用体中各个成员的值*/
```

```
    printf("part. k=%x\n",part. k);
    printf("part. m=%x\n",part. m);
    printf("part. s[0]=%x\t part. s[1]=%x\n",part. s[0],part[1]);
    printf("part. s[2]=%x\t part. s[2]=%x\n",part. s[2],part[3]);
}
```

程序运行结果：

part. i＝12345678

part. k＝12345678

part. m＝78

part. s[0]＝78　　　part. s[1]＝56

part. s[2]＝34　　　part. s[3]＝12

分析：

在共用体变量 part 中，成员 i、k、m 和数组 s[4]共享同一内存。变量 part 的长度为 4，由最长的成员 i 所占用的内存长度决定。成员在内存中的相互关系如图 9－3 所示。图中每个单元的值是执行赋值语句"part. i＝0x12345678"后的内存情况。

本章小结

结构体是由不同数据类型的数据组成的集合。这些数据称之为结构的成员。结构的成员是通过运算符"."来存取处理的。例如，若 s 是包括有成员 m 的结构型变量，则 s. m 就是 s 中的 m 的值。处理结构成员的另一个办法是利用运算符"－＞"。又例如，若 p 是指向 s 的指针，那么 p—＞m 就与 s. m 一样。运算符"."和"—＞"在 C 语言中具有最高的优先级。

结构的使用为处理复杂的数据结构（如动态数据结构等）提供了手段，而且，它们为函数间传递不同类型的数据提供了便利。

引用自身的结构，就是一个结构中至少包括这样一个成员，它指向这个结构本身。简单的引用自身结构是线性链表。在线性链表中每一个成员指向它们的下一个成员，而最后一个成员指向 NULL（定义为 0）。

联合与结构在定义、说明和使用的形式上是一致的，然而，联合的成员是相互覆盖的。换句话说，它们是共享存储空间。联合是一个节省存储空间的方法。

第 11 章　　　　位运算

【内容提要】

前面介绍的各种运算都是以字节作为最基本位进行的。但在很多系统程序中常要求在位(bit)一级进行运算或处理。C 语言提供了位运算的功能,这使得 C 语言也能像汇编语言一样用来编写系统程序。

【学习要求】

学习本章内容建议首先掌握数值在计算机中是如何表示的,位运算是按二进制位进行的运算,掌握位运算的基本含义和方法以及位运算的应用是本章的重点。

C 语言中,位运算的对象只能是整型或字符型数据,不能是其他类型的数据(在 VC6.0 中 int 型数据占 2 字节,short int 型数据占 2 字节,为了便于叙述,本章均以 short int 型数据或 char 类型数据为例)。

11.1　位运算符

表 11-1 列出了 C 语言提供的六种位运算符及其运算功能。

表 11-1

运算符	含　义	优先级
～	按位求反	1(高)
<<	左移	2
>>	右移	2
&	按位与	3
^	按位异或	4
|	按位或	5(低)

表 11-1 中的位运算符中,只有求"反"运算符(～)为单目运算符,其余均为双目运算符。各双目运算符与赋值运算符结合可以组成扩展的赋值运算符,其表示形式及含义见表 11-2.

表 11-2　扩展的赋值运算符

扩展运算符	表达式	等价的表达式
<<=	a<<=2	a=a<<2
>>=	b>>=n	b=b>>n
&=	a&=b	a=a&b
^=	a^=b	a=a^b
|=	a|=b	a=a|b

11.2　位运算符的运算功能

1."按位取反"运算

运算符～是位运算中唯一的一个单目运算符,运算对象应置于运算符的右边,其运算功能是把运算对象的内容按位取反,即:使每一位上的 0 变 1,1 变 0. 例如:表达式～0115 是将八进制数 115 按位取反。由于是"位"运算,为了直观起见,我们把运算对象直接用二进制形式来表示:

结果: $\dfrac{～0\,1\,0\,0\,1\,1\,0\,1}{1\,0\,1\,1\,0\,0\,1\,0}$ 　（换算成八进制数为 0262）

2."左移"运算

左移运算符是双目运算符。运算符左边是移位对象,右边是整型表达式,代表左移的位数。左移时,右端(低位)补 0;左端(高位)移出的部分舍弃。例如:

　　char a＝6,b;

　　b＝a＜＜2;

用二进制数来表示运算过程如下:

a:0 0 0 0 0 1 1 0(a=6)

b=a＜＜2:0 0 0 1 1 0 0 0(b=24=4＊6)

左移时,若左端移出的部分不包含有效二进制数 1,则每左移一位,相当于移位对象乘以 2.某些情况下,可以利用左移的这一特性代替乘法运算,以加快运算速度。如果左端移出的部分包含有效二进制数 1,这一特性就不适用了。如:

　　char a＝64, b;

　　b＝a＜＜2;

移位情况如下:

a:0 1 0 0 0 0 0 0

b=a＜＜2:0 0 0 0 0 0 0 0(b=0)

当 a 左移两位时,a 中唯一移位数字 1 被移出了高端,从而使 b 变成了 0(注意:a 的值并没有变)。

3."右移"运算

右移运算符的使用方法与左移运算符一样,所不同的是移位方向相反。右移时,右端(低位)移出的二进制数舍弃,左端(高位)移入的二进制数分两种情况:对于无符号整数和正整数,高位补 0;对于负整数,高位补 1。这是因为负数在机器内均用补码表示所致。

例如:

　　short int a＝－8, b;

　　b＝a＞＞2;

用二进制数表示的运算对象过程如下:

a 为－8 时在机内的二进制码:1 1 1 1 1 1 1 1 1 1 1 1 1 0 0 0

用八进制数表示为:17　7　　7　　7　0

b=a>>2 后 b 在机内的二进制码:11111111111111110

用八进制数表示为:17　7　　7　　　7　　6

b 的值为-2。和左移相对应,右移时,若右端移出的部分不包含有效数字1,则每右移一位相当于移位对象除以 2。

应该说明的是,对于有符号数,在右移时,符号位将随同移动。当为正数时,最高位补 0,而为负数时,符号位为 1,最高位是补 0 或是补 1 取决于编译系统的规定。Turbo C 和很多系统规定为补 1。

【例 11.1】

```
main()
{
    unsigned a,b;
    printf("input a number:");
    scanf("%d",&a);
    b=a>>5;
    b=b&15;
    printf("a=%d\tb=%d\n",a,b);
}
```

请再看一例!

【例 11.2】

```
main()
{
    char a='a',b='b';
    int p,c,d;
    p=a;
    p=(p<<8)|b;
    d=p&0xff;
    c=(p&0xff00)>>8;
    printf("a=%d\nb=%d\nc=%d\nd=%d\n",a,b,c,d);
}
```

4."按位与"运算

运算符 & 的作用是:把参加运算的两个运算数按对应的二进制位分别进行"与"运算,当两个相应的位都为 1 时,该位的结果为 1,否则为 0。例如,表达式 12&10 的运算如下:

```
        12: 0 0 0 0 1 1 0 0
&       10: 0 0 0 0 1 0 1 0     (换算成十进制数为 8)
结果:      0 0 0 0 1 0 0 0
```

分析以上运算结果可知,"按位与"运算具有如下特征:任何位上的二进制数,只要和 0"与",该位即被屏蔽(清零);和 1"与",该位保留原值不变。"按位与"运算的这一特征很具实用性。例如,设有:char a=0322;则 a 的二进制数为:11010010。若要保留 a 的第 5 位,只需和这样的数进行"与"运算;这个数的第 5 位上为 1,其余位为 0.其运算过程如下:

```
        a ：1 1 0 1 0 0 1 0
  &     020：0 0 0 1 0 0 0 0
  a&020：    0 0 0 1 0 0 0 0
```

【例 11.3】
```
main(){
    int a=9,b=5,c;
    c=a&b;
    printf("a=%d\nb=%d\nc=%d\n",a,b,c);
}
```

5."按位异或"运算

"按位异或"运算规则是:参与运算的两个运算数中相对应的二进制位上,若数相同,则该位的结果为 0;若数不同,则该位的结果为 1。例如:

```
    0 0 1 1 0 0 1 1    （换算成八进制数为 063）
    1 1 0 0 0 0 1 1    （换算成八进制数为 303）
    1 1 1 1 0 0 0 0    （换算成八进制数为 360）
```

观察以上运算结果可知:数为 1 的位和 1"异或"结果为 0(最低的两位);数为 0 的位和 1"异或"结果就为 1(最高两位);而和 0"异或"的位其值均未变(中间四位)。由此可见,要使某位的数翻转,只要使其和 1 进行"异或"运算;要使某位保持原数,只要使其和 0 进行"异或"运算即可。利用"异或"运算的这一特征,可以使一个数中某些指定位翻转而另一些位保持不变,它比求反运算更具随意性(求反运算每一位都无条件翻转)。例如,设有:

char a=0152;

若希望 a 的高四位不变,低四位取反,只需将高四位分别和 0"异或",低四位分别和 1"异或"即可:

```
      a   ：0 1 1 0 1 0 1 0
  ^   017 ：0 0 0 0 1 1 1 1        （换算成八进制数为 145）
      a^017：0 1 1 0 0 1 0 1
```

【例 11.4】
```
main(){
    int a=9;
    a=a^5;
    printf("a=%d\n",a);
}
```

6."按位或"运算

"按位或"的运算规则是:参与运算的两个运算数中,只要两个相应的二进制位中有一个

为 1,该位的运算结果即为 1;只有当两个相应位的数都为 0 时,该位的运算结果才为 0。例如:

```
         0123    : 0 1 0 1 0 0 1 1
  |      014     : 0 0 0 0 1 1 0 0
  ─────────────────────────────────        (换算成八进制数为 137)
         0123|014  : 0 1 0 1 1 1 1 1
```

利用"按位或"运算的操作特点,可以使一个数中的指定位上置成 1,其余位不变,即:将希望置 1 的位与 1 进行"或"运算;保持不变的位与 0 进行"或"运算。例如:若想使 a 中的高四位不变,低四位置 1,可采用表达式:a=a|017。

【例 11.5】
```
main(){
    int a=9,b=5,c;
    c=a|b;
    printf("a=%d\nb=%d\nc=%d\n",a,b,c);}
```

7.位数不同的运算数之间的运算规则

由前已知:位运算的对象可以是整型(long int 或 int 或 short)和字符型(char)数据。当两个运算数类型不同时位数亦会不同。遇到这种情况,系统将自动进行如下处理:

(1)先将两个运算数右端对齐。

(2)再将位数短的一个运算数往高位扩充,即:无符号数和正整数左侧用 0 补全,负数左侧用 1 补全,然后对位数相等的这两个运算数按位进行位运算。

11.3　位域(位段)

有些信息在存储时,并不需要占用一个完整的字节,而只需占几个或一个二进制位。例如在存放一个开关量时,只有 0 和 1 两种状态,用一位二进位即可。为了节省存储空间,并使处理简便,C 语言又提供了一种数据结构,称为"位域"或"位段"。

所谓"位域"是把一个字节中的二进位划分为几个不同的区域,并说明每个区域的位数。每个域有一个域名,允许在程序中按域名进行操作。这样就可以把几个不同的对象用一个字节的二进制位域来表示。

1.位域的定义和位域变量的说明

位域定义与结构定义相仿,其形式为:
```
struct 位域结构名
    { 位域列表 };
```
其中位域列表的形式为:
```
类型说明符 位域名:位域长度
```
例如:
```
struct bs
{
```

```
    int a:8;
    int b:2;
    int c:6;
};
```

位域变量的说明与结构变量说明的方式相同。可采用先定义后说明,同时定义说明或者直接说明这三种方式。

例如:

```
struct bs
{
    int a:8;
    int b:2;
    int c:6;
}data;
```

说明 data 为 bs 变量,共占两个字节。其中位域 a 占 8 位,位域 b 占 2 位,位域 c 占 6 位。

对于位域的定义尚有以下几点说明:

(1)一个位域必须存储在同一个字节中,不能跨两个字节。如一个字节所剩空间不够存放另一位域时,应从下一单元起存放该位域。也可以有意使某位域从下一单元开始。

例如:

```
struct bs
{
    unsigned a:4
    unsigned :0          /*空域*/
    unsigned b:4         /*从下一单元开始存放*/
    unsigned c:4
}
```

在这个位域定义中,a 占第一字节的 4 位,后 4 位填 0 表示不使用,b 从第二字节开始,占用 4 位,c 占用 4 位。

(2)由于位域不允许跨两个字节,因此位域的长度不能大于一个字节的长度,也就是说不能超过 8 位二进位。

(3)位域可以无位域名,这时它只用来作填充或调整位置。无名的位域是不能使用的。例如:

```
struct k
{
    int a:1
    int  :2              /*该2位不能使用*/
    int b:3
    int c:2
```

```
};
```

从以上分析可以看出,位域在本质上就是一种结构类型,不过其成员是按二进位分配的。

2．位域的使用

位域的使用和结构成员的使用相同,其一般形式为:

　　位域变量名 . 位域名

位域允许用各种格式输出。

【例 11.6】

```
main(){
    struct bs
      {
        unsigned a:1;
        unsigned b:3;
        unsigned c:4;
      } bit, * pbit;
    bit. a=1;
    bit. b=7;
    bit. c=15;
    printf("%d,%d,%d\n",bit. a,bit. b,bit. c);
    pbit=&bit;
    pbit→a=0;
    pbit→b&=3;
    pbit→c|=1;
    printf("%d,%d,%d\n",pbit→a,pbit→b,pbit→c);
}
```

上例程序中定义了位域结构 bs,三个位域为 a,b,c。说明了 bs 类型的变量 bit 和指向 bs 类型的指针变量 pbit。这表示位域也是可以使用指针的。程序的 9、10、11 三行分别给三个位域赋值(应注意赋值不能超过该位域的允许范围)。程序第 12 行以整型量格式输出三个域的内容。第 13 行把位域变量 bit 的地址送给指针变量 pbit。第 14 行用指针方式给位域 a 重新赋值,赋为 0。第 15 行使用了复合的位运算符"&=",该行相当于:

　　pbit→b=pbit→b&3;

位域 b 中原有值为 7,与 3 作按位与运算的结果为 3(111&011＝011,十进制值为 3)。同样,程序第 16 行中使用了复合位运算符"|=",相当于:

　　pbit→c=pbit→c|1;

其结果为 15。程序第 17 行用指针方式输出了这三个域的值。

本章小结

(1)位运算是 C 语言的一种特殊运算功能，它是以二进制位为单位进行运算的。位运算符只有逻辑运算和移位运算两类。位运算符可以与赋值符一起组成复合赋值符。如 &=,|=,^=,>>=,<<=等。

(2)利用位运算可以完成汇编语言的某些功能,如置位,位清零,移位等。还可进行数据的压缩存储和并行运算。

(3)位域在本质上也是结构类型,不过它的成员按二进制位分配内存。其定义、说明及使用的方式都与结构相同。

(4)位域提供了一种手段,使得可在高级语言中实现数据的压缩,节省了存储空间,同时也提高了程序的效率。

第 12 章 文 件

【内容提要】

到目前为止,我们在进行数据处理时,无论数据量有多大,每次运行程序时都须通过键盘输入数据,程序处理的结果也只能显示在屏幕上。如果对文件输入输出的数据以磁盘文件的形式存储起来,大批量数据处理将会十分方便。本章对文件输入输出操作的相关知识进行介绍,包括文件的概念、分类、文件操作的一般过程、文件指针、文件的打开和关闭、文件读写、文件定位等。

【考点要求】

通过本章学习,要求学生能够了解文件的概念、特点及分类;掌握文件数据类型和文件指针的概念,熟悉掌握文件指针的使用方法。了解文件的操作过程、掌握文件操作方式的概念及基本的文件操作函数。

12.1 文件概述

12.1.1 文件的概念

文件是一组相关信息的有序集合。存储程序代码的文件称为程序文件,存储数据的文件称为数据文件。计算机对文件的操作总体上分为输入和输出两大类,对文件的输入输出(I/O)过程是通过操作系统进行管理的。C 语言程序对文件的处理是通过标准函数库中的文件操作函数实现的,使用这些函数,可以简单、高效、安全地访问外部数据。

在 C 语言中,所有的外部设备均被作为文件对待,这种文件称为设备文件。对外部设备的输入输出处理就是读写设备文件的过程。例如,PRN 是打印机的设备文件名,向 PRN 文件输出信息就是向打印机设备输出打印信息。当把显示屏幕作为设备文件(系统一般称为标准输出文件)时,向标准输出文件输出的信息就是向显示设备输出的信息,就是从键盘设备输入的信息。总之,C 语言把所有的设备文件(硬盘、软盘、打印机、显示屏幕、键盘等)都作为相同的逻辑文件对待,从而对它们的输入输出都可采用相同的方法进行。这种逻辑上的统一,为程序设计提供了很大的便利。C 语言标准库函数中的输入/输出函数既可以用来控制标准输入/输出设备,也可以用来处理磁盘文件。

在程序的运行过程中,程序要将保存在内存中的数据写入磁盘,首先要建立一个"输出文件缓冲区",这个缓冲区是一个连接计算机内存数据与外存文件的桥梁,当向文件输出数据时,准备输出的数据先写入文件缓冲区,等文件缓冲区填满后再输出到文件中。这一过程称为"写文件",是数据输出过程。

与"写文件"过程相对的是要将保存在文件中的数据装入内存。首先要建立一个"输入文件缓冲区",当从文件中输入数据时,也是把读入的数据先写入文件缓冲区,等文件缓冲区数据装满后再整个送给程序。这一个过程称为"读文件",是数据输入过程。

图 12-1 所示为使用缓冲区的文件读、写示意图,这种数据的读写方式提高了程序的执行效率。

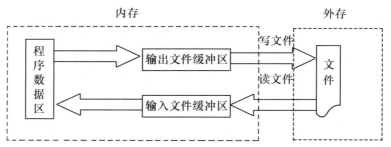

图 12-1   使用缓冲区的文件读、写示意图

12.1.2   文件的分类

从不同的角度可对文件做不同的分类。

(1)按文件所依附的介质分类,有卡片文件、纸带文件、磁带文件和磁盘文件等。

(2)按文件的内容来分类,有源文件、目标文件和数据文件等。

(3)按文件的数据组织形式分类,有字符文件和二进制文件。

(4)按文件操作可划分为输入文件、输出文件和输入/输出文件。

字符文件又称 ASCII 文件,也称为文本文件,这种文件在磁盘中存放时每个字符对应一个字节,用于存放对应的 ASCII 码,其优点是可以直接阅读。二进制文件是按二进制的编码方式来存放文件的。其内容只供机器阅读,无法人工阅读,也不能打印。

12.1.3   文件的一般操作过程

使用文件要遵循一定的规则,同其他的高级语言一样,在使用文件之前应该首先打开文件,使用结束后应该关闭文件。使用文件的一般步骤是:

打开文件→操作文件→关闭文件

打开文件:建立用户程序与文件的联系,系统为文件开辟文件缓冲区。

操作文件:是指对文件的读、写、追加和定位操作。

读操作:从文件中读出数据,即将文件中的数据输入到计算机内存。

写操作:向文件中写入数据,即将计算机内存中的数据输出到文件。

追加操作:将新的数据写到文件原有数据的后面。

定位操作:移动文件读写位置指针。

关闭文件:切断文件与程序的联系,将文件缓冲区的内容写入磁盘,并释放文件缓冲区。

12.1.4 文件的指针

1. FILE 类型

为了能正常使用文件,C 语言系统要对打开的每一个文件从多个方面进行跟踪管理,如文件缓冲区的大小、文件缓冲区的位置、文件缓冲区使用的程序、文件操作模式、文件内部读写位置等,这些信息被记录在"文件信息区"的结构体变量中,该变量的数据类型由 C 语言系统事先定义,固定包含在头文件"stdio. h"中,数据类型名为"FILE"。FILE 结构类型如下:

```
typedef struct
{
    short          level;          /* 缓冲区"满"或"空"的标志 */
    unsigned       flags;          /* 文件状态标志 */
    char           fd;             /* 文件描述符 */
    unsigned char  hold;           /* 若无缓冲区不读取字符 */
    short          basize;         /* 缓冲区大小 */
    unsigned char  * buffer;       /* 数据缓冲区位置 */
    unsigned char  * curp;         /* 当前活动指针 */
    unsigned       istemp;         /* 临时文件描述符 */
    short          token;          /* 用于有效性检查 */
}FILE;
```

2. 文件指针

在 C 语言中用一个指针变量指向一个文件,这个指针就称为文件指针。通过文件指针可以对它所指的文件进行各种操作。

定义文件指针的一般形式为:

FILE * 指针变量标识符;

其中,FILE 应为大写。

事实上,只需要使用文件指针完成文件的操作,不需要关心文件类型变量的内容。在打开一个文件后,系统开辟一个缓冲区,用来存放文件的属性状态,这些信息利用一个结构体型指针变量存放,这个指针变量称为文件的指针变量,所有对文件的操作都通过次文件指针变量完成,直到文件关闭,文件指针指向的文件类型变量释放。例如:

FILE * fp, * fq;

如 fp 是表示指向 FILE 结构的指针变量,通过 fp 即可找到存放某个文件信息的结构变量,然后按结构变量提供的信息找到该文件,实施对文件的操作。习惯上把 fp 称为指向一个文件的指针。

12.2　文件的打开与关闭

文件在进行读写操作之前要先打开,使用完毕后要关闭。所谓打开文件,实际上就是建立文件的各种相关信息,并使文件指针指向该文件,以便进行其他操作。关闭文件则是断开指针与文件之间的联系,也就是禁止再对该文件进行操作。

12.2.1　文件的打开

文件的打开通过调用 fopen()函数来实现。其一般形式为:

　　文件指针名＝fopen(文件名,使用文件方式);

说明:

(1)"文件指针名"必须是被定义为 FILE 类型的指针变量;

(2)"文件名"是被打开文件的文件名,并由字符串常量或字符串数组构成;

(3)"使用文件方式"是指文件的类型和操作要求。

例如:

FILE　　＊fp;

fp＝fopen("d:\\stu.txt","r");

说明:

(1)打开文件 d:盘根目录下的 stu.txt 文件,只允许进行"读操作"。

(2)fopen()函数返回指向 d:\\stu.txt 的文件指针,并赋给 fp,fp 指向该文件。

(3)关于文件要注意:文件名包含文件名和扩展名,路径要用"\\"表示。第一个斜杠表示转义字符,第二个表示根目录。

(4)使用文件的方式有 12 种。文件打开方式见表 12-1 所示。

表 12-1　文件的打开方式

文件打开方式	含　义
"rt"	只读打开一个文本文件,只允许读数据
"wt"	只写打开或建立一个文本文件,只允许写数据
"at"	追加打开一个文本文件,并在文件末尾写数据
"rb"	只读打开一个二进制文件,只允许读数据
"wb"	只写打开或建立一个二进制文件,只允许写数据
"ab"	追加打开一个二进制文件,并在文件末尾写数据
"rt+"	读写打开一个文本文件,允许读和写
"wt+"	读写打开或建立一个文本文件,允许读和写
"at+"	读写打开一个文本文件,允许读,或在文件末追加数据
"rb+"	读写打开一个二进制文件,允许读和写
"wb+"	读写打开或建立一个二进制文件,允许读和写
"ab+"	读写打开一个二进制文件,允许读,或在文件末追加数据

对于文件使用方式有以下几点说明。

(1)文件使用方式由"r"、"w"、"a"、"t"、"b"、"+"六个字符拼成,各字符的含义如下:

r(read):读

w(write):写

a(append):追加

t(text):文本文件,可省略不写

b(binary):二进制文件

+:读和写

(2)凡用"r"打开的一个文件时,该文件必须已经存在,且只能从该文件读出。

(3)用"w"打开的文件只能向该文件写入。若打开的文件不存在,则以指定的文件名建立该文件;若打开的文件已经存在,则将该文件删去,重建一个新文件。

(4)若要向一个已存在的文件追加新的信息,只能用"a"方式打开文件,此时该文件存在则追加,文件不存在则新建。

(5)在打开一个文件时,如果出错,fopen()将返回一个空指针值 NULL。在程序中可以用这一信息来判断是否完成打开文件的工作,并作相应的处理。因此常用以下程序段打开文件:

```
if (fp=fopen("d:\\a1. txt","rt")==NULL)          /*"\\"第一个"\"是转义,第二个
                                                    "\"表示根目录*/
{
    printf("\n 打开文件 d:\\a1. txt 错误!")
    getch();                                       /*从键盘输入一个字符,但不在
                                                    屏幕上显示*/
    exit(1);
}
```

12.2.2 文件的关闭

文件一旦使用完毕,应用关闭文件函数(fclose 函数)把文件关闭,以避免文件的数据丢失等错误。

fclose()函数调用的一般形式如下:

fclose(文件指针);

例如:

fclose(fp);   /*关闭 fp 所指向的文件*/

正常完成关闭文件操作时,fclose 函数返回值为 0。如返回非零值,则表示有错误发生。

12.3 文件的读写

对文件的读写操作由文件读写函数完成。常用的文件读写函数有 fgetc、fputc、fgets、fputs、fread、fwrite、fscanf 和 fprintf。使用以上函数都要求包含头文件 stdio. h。

12.3.1　字符读写函数

1. 读字符函数 fgetc()

fgetc()函数的功能是从指定的文件中读一个字符。函数的一般形式为：

　　字符变量=fgetc(文件指针)；

例如：

　　ch=fgetc(fp)；

其功能是从 fp 所指向的文件读一个字符，字符由函数返回。返回的字符赋给字符变量 ch，也可以直接参与表达式运算。输入成功，返回输入字符，遇到文件结束，返回 EOF(-1)。

说明：

(1)在 fgetc()函数调用中，读取的文件必须是以读或读写方式打开的。

(2)每次读入一个字符，文件位置指针自动指向下一字节。

(3)文本文件内全部是 ASCII 字符，其值不可能是 EOF(-1)，所以可以使用 EOF(-1)确定文件结束。但是对于二进制文件不能这样做，因为可能在文件中间某个字符的值恰好等于-1，如果此时使用-1判断文件结束是不恰当的。为了解决这个问题，ANSI C 提供了 feof(fp)函数判断文件是否真正结束。

【例 12-1】将 D:盘上的 abc. txt 文件内容读出并在屏幕上显示。

程序代码如下：

```
#include <stdio.h>
#include <stdlib.h>
void main()
{
    FILE * fp;
    char file1[20];
    printf("请输入文本文件名及位置:");
    scanf("%s",file1);
    if((fp=fopen(file1,"r"))==NULL)
      {
          printf("不能打开文件:%s",file1);
          exit(1);
      }
    printf("文件%s 中的信息为:\n",file1);
    while(!feof(fp))
      printf("%c",fgetc(fp));
    printf("\n");
    fclose(fp);
}
```

程序运行结果：

请输入文本文件名及位置:D:\\abc. txt ✓

文件 D:\\abc. txt 中的信息为:

This is a C program!

Press any key to continue

2. 写字符函数 fputc( )

fputs( )函数的功能是把一个字符写入指定的文件中。函数调用的形式为:

　　fputc(字符量,文件指针);

例如:

　　fputc('a',fp);

对于 fputc 函数的使用要注意几点:

(1)被写入的文件可以用写、读写、追加方式打开,用写或读写方式打开一个已存在的文件时将清除原有的文件内容,写入字符从文件首开始。如需保留原有文件内容,即希望写入的字符以文件末开始存放,必须以追加方式打开文件。被写入的文件若不存在,则需要创建该文件。

(2)每写入一个字符,文件内部位置指针向后移动一个字节。

(3)fputc 函数有一个返回值,如写入成功则返回写入的字符,否则返回一个 EOF。可用此来判断写入是否成功。

【例 12-2】从键盘输入一样字符,写入一个文件,再把该文件内容读出并显示在屏幕上。

```
#include <stdio. h>
#include <stdlib. h>                         /* exit(1)所在的头文件 */
void main()
{ FILE    * fp;
  char ch;
  if((fp=fopen("d:\\abc. txt","wt+"))==NULL) /* 此处一定要加双杠"\\" */
    {
       printf("不能打开文件 d:\abc. txt");
       exit(1);
    }
  printf("请输入一串字符:\n");
  ch=getchar();
  while(ch!='\n')
    {fputc(ch,fp);
       ch=getchar();
    }
  rewind(fp);   /* rewind 函数用于把 fp 所指文件的内部位置指针移到文件头 */
  ch=fgetc(fp);
  while(ch!=EOF)
```

```
    {putchar(ch);
       ch=fgetc(fp);
    }
    printf("\n");
    fclose(fp);
}
```

程序运行结果：

请输入一串字符：

学习 C 语言编程！↙

学习 C 语言编程！

注意：fp＝fopen("d：\\abc. txt","wt＋")不能书写为：fp＝fopen("d：\abc. txt","wt＋")，也就是说要有双斜杠"\\"。

3.文件结束检测函数 feof()函数

feof()函数调用格式为：

    feof(文件指针)；

其功能是，判断文件内部位置指针是否处于文件结束位置，如文件结束，则返回值为 1，否则为 0。

12.3.2 字符串读写函数

1.读字符串函数 fgets()

此函数的功能是从指定的文件中读一个字符串到字符数组中。函数调用的形式为：

    fgets(字符数组名或字符串指针变量，n，文件指针)；

其功能是从文件指针所指向的文件读 n－1 个字符，并将这些字符放在以字符数组或字符串指针为起始地址的单元中。如果在读入 n－1 个字符结束前遇到换行符或 EOF，读入结束，字符串读入后最后加一个"\0"字符；输入成功返回输入串的首地址；遇到文件出错返回 NULL。

例如：

Fgets(string，n，fp)；

其功能是从 fp 所指的文件中读出 n－1 个字符送入字符数组 string 中。

【例 12－3】从 D：\\abc. txt 文件中读入一个含汉字字符的字符串。

```
#include<stdio. h>
#include<stdlib. h>
void main()
{FILE * fp;
    char str[22];
    if((fp=fopen("d：\\abc. txt","rt"))==NULL)
       {
```

```
        printf("\n 不能打开文件:D:\abc. txt");
        exit(1);
    }
  fgets(str,22,fp);
  printf("%s\n",str);
  fclose(fp);
}
```

程序运行结果:

学习 C 语言编程!

说明:一个汉字占用两个字符,所以字符数组 str 的选取的长度要足够大。

2. 写字符串函数 fputs()

fputs()函数的功能是指定的文件写入一个字符串。其调用形式为:

　　fputs(字符串,文件指针);

其中,字符串可以是字符串常量,也可以是字符数组名或指针变量。

例如:fputs("123456",fp);

其作用是把字符串"123456"写入 fp 所指的文件之中。

12.3.3　二进制文件读写

1. 数据块读写函数 fread()和 fwrite()

C 语言还提供了整块数据的读写函数。可用来读写一组数据,如一个数组元素,一个结构变量的值等。

读数据块函数调用的一般形式为:

　　int fread(buffer, size, count, fp);　　/* int 表示函数 fread()成功读出的数据块数 */

写数据块函数调用的一般形式为:

　　int fwrite(buffer, size ,count, fp);　　/* int 表示函数 fwrite()成功写入的数据块数 */

其中:

(1)buffer 是一个指针,在 fread()函数中,它表示存放读入数据的首地址;在 fwrite()函数中,它表示存放输出数据的首地址。

(2)size 表示数据块的字节数。

(3)count 表示要读写的数据块个数。

(4)fp 表示文件指针。

例如:

float f[2];

FILE ＊fp=fopen("f:\\student","r");

fread(f,4,2,fp);

其作用是从 fp 所指的文件中,每次读 4 个字节(一个 float 型实数)送入实型数组 f 中,连续读 2 次,即读 2 个实数到 f 中。

【例 12-5】从键盘输入 3 个学生数据,写入一个文件中,再读出这 3 个学生的数据并显示在屏幕上。

程序代码如下:

```c
#include<stdio.h>
#include<stdlib.h>
#include<conio.h>
struct student
{ int id;
  char name[10];
  int age;
  float score;
}stu1[3],stu2[3],*p1,*p2;
void main()
{
  FILE *fp;
  int i;
  p1=stu1;
  p2=stu2;
    if(fp=fopen("f:\\student","wb+"))==NULL)
    { printf("不能打开文件,按任意键退出!");
      getch();                    /*此函数在conio.h头文件中*/
      exit(1);
    }
  printf("输入3名学生数据:\n");
  for(i=0;i<3;i++,p1++)
    scanf("%d%s%d%f",&p1->id,p1->name,&p1->age,&p1->score);
  p1=stu1;
  fwrite(p1,sizeof(struct student),3,fp);
  rewind(fp);
  p2=stu2;
  fread(p2,sizeof(struct student),3,fp);
  printf("学号\t姓名　年龄　成绩\n");
  for(i=0;i<3;i++,p2++)
    printf("%4d\t%s%10d%5.1f\n",p2->id,p2->name,p2->age,p2->score);
  fclose(fp);
}
```

程序运行结果：

输入 3 名学生数据：

1 王红 20 85 ↙

2 刘基 23 90 ↙

3 张松 21 70 ↙

学号	姓名	年龄	成绩
1	王红	20	85.0
2	刘基	23	90.0
3	张松	21	70.0

说明：

本例程序定义了一个结构体 student，定义了两个结构数组 stu1 和 stu2 以及两个结构指针变量 p1 和 p2。p1 指向 stu1，p2 指向 stu2。程序第 16 行以读写方式打开二进制文件"f:\student"，输入 3 个学生数据后，写入该文件中，然后把文件内部位置指针移到文件首，读出 3 个学生数据，在屏幕上显示。

2. 格式化读写函数 fscanf() 和 fprintf()

fscanf() 函数和 fprintf() 函数与前面使用的 scanf() 和 printf() 函数的功能相似，都是格式化读写函数。两者的区别在于 fscanf() 函数和 fprintf() 函数的读写对象不是键盘和显示器，而是磁盘文件。

这两个函数的调用格式为：

fscanf(文件指针，格式字符串，输入表列);

fprintf(文件指针，格式字符串，输出表列);

例如：

fscanf(fp,"%d%s",&i,s);

fprintf(fp,"%d%s",i,s);

用 fscanf() 函数和 fprintf() 函数也可以完成例 12.5 的问题。

【例 12.6】从键盘输入一个字符串和一个十进制整数，将它们写入 test 文件中，然后再从 test 文件中读出并显示在屏幕上。

```
#include<stdio. h>
void main()
{   char s[100];
    int a;
    FILE * fp;
    if((fp=fopen("test","w"))==NULL)
      {
        printf("Cannot open file. \n");
        return;
      }
```

```
        fscanf(stdin, "%s%d",s,&a);
        fprintf(fp,"%s %d",s,a);
        fclose(fp);
        if((fp=fopen("test","r"))==NULL)
          {
            printf("Cannot open file. \n");
            return;
          }
        fscanf(fp,"%s%d",s,&a);
        fprintf(stdout, "%s %d\n",s,a);
        fclose(fp);
    }
```

程序运行结果：

中国共产党成立 90 ↙

中国共产党成立 90

12.4　文件的随机读写

　　前面介绍的对文件的读写方式都是顺序读写，即读写文件只能从头开始，顺序读写各个数据。但在实际问题中常要求只读文件中某一指定的部分。为了解决这个问题，可移动文件内部的位置指针到需要读写的位置，再进行读写，这种读写称为随机读写。

　　实现随机读写的关键是要按要求移动位置指针，这称为文件的定位。

12.4.1　文件定位

移动文件内部位置指针的函数主要有两个，即 rewind()函数和 fseek()函数。

1. rewind()函数

前面已多次使用过 rewind()函数。其调用形式为：

　　rewind(fp);

它的功能是把文件内部的位置指针 fp 移到文件首。

2. fseek()函数

fseek()函数用来移动文件内部位置指针。其调用形式为：

　　fseek(文件指针，偏移量，起始点);

其中：

(1)"偏移量"为长整型偏移量。

(2)"起始点"表示从何处开始计算位移量。规定的起始点有 3 种：文件首、当前位置和文件尾。其表示方法如表 12-2 所示。

表 12－2 fseekj( )函数中的符号常量

符号常量	符号常量的值	含 义
SEEK_____SET	0	文件首
SEEK_____CUR	1	当前位置
SEEK_____END	2	文件末尾

例如：

　　fseek(fp,200L,0);

其作用是把位置指针移动离文件首 200 个字节处。

还要说明的是,fseek()函数一般用于二进制文件。在文本文件中由于要进行字符转换,计算出的偏移量容易产生错误,从而导致读出的数据面目全非。

3.ftell()函数

函数 ftell()是获取当前位置指针函数。

其一般形式为：

　　ftell(文件指针);

功能:得到当前文件位置指针的位置,次位置是相对于文件头的。

返回值:当前文件指针相对于文件头的位置。

12.4.2　文件的随机读写

在移动位置指针之后,即可用前面介绍的任一种读写函数进行读写。由于一般是读写一个数据块,因此常用 fread()和 fwrite()函数。

【例 12.7】在学生文件 f:\student 中用 fwrite()函数写入 3 名学生信息,并用 fseek()和 fread()读出第 2 名学生的信息在屏幕上显示。

程序代码如下：

```
#include<stdio.h>
#include<conio.h>
#include<stdlib.h>
struct student
{ int id;
  char name[10];
  int age;
  float score;
}stu1[3],stu, * p;
void main()
{ FILE  * fp;
  if((fp=fopen("f:\\student","wb+"))==NULL)
    { printf("不能打开文件,按任意键退出!");
      getch();
```

```
        exit(1);
    }
    printf("输入三名学生数据:\n");
    for(p=stu1;p<stu1+3;p++)
        scanf("%d%s%d%f", &p→id, &p→name, &p→age, &p→score);
    for(p=stu1;p<stu1+3;p++)
        fwrite(p,sizeof(struct student),1,fp);
    rewind(fp);
    fseek(fp,sizeof(struct student),0);
    fread(&stu, sizeof(strcut student),1,fp);
    printf("学号\t 姓名   年龄   成绩\n");
    printf("%4d%7s%7d%6.1f\n", stu.id, stu.name, stu.age, stu.score);
    fclose(fp);
}
```

程序运行结果:

输入三名学生数据:

学号	姓名	年龄	成绩
1	李涛	21	85 ↙
2	王启	22	80 ↙
3	田谭	23	70 ↙
2	王启	22	80.0

说明:

(1)文件 student 内容与例 12.6 程序建立的文件内容无关。

(2)本程序用函数 fwrite()向文件写入 3 名学生信息。

(3)程序中定义 stu1 为结构 student 数组,用于存放 3 名学生信息;定义 stu 为结构 student 变量,用于存放读出的第 2 名学生信息;定义 p 为指向 stu1 的指针。

(4)用 fseek()函数移动文件位置指针,从文件头开始,移动一个 student 类型的长度,然后用函数 fread()读出第 2 个学生的信息。

(5)本例使用函数 fread()、fwrite()每次读或写一个数据块(sizeof(struct student))信息。

(6)此例定位读取的方法如果采用例 12.6 的 student 文件中的信息,读出数据与实际数据将有部分不符。故采用块写函数重新写入 3 名学生的信息到文件中,再用块读函数与定位函数读取第 2 名学生的信息,请读者自己上机体会。

本章小结

　　文件是计算机中的一个重要概念。C 语言中的文件分为系统文件和磁盘文件两类,磁盘文件有 ASCII 码文件和二进制文件。打开文件是使用文件的第一步操作,关闭文件是使用文件的最后一步操作。

　　任何打开的文件都对应一个文件指针,文件指针的类型是 FILE 型,它是在 stdio. h 中预定义的一种结构体类型。

　　文件指针和文件使用方式是文件操作的重要概念,实现文件操作的基本工具是系统提供的文件操作函数。文件读写的方式有多种,任何一个文件被打开时必须指明它的读写方式。常用的文件操作函数有:用于打开和关闭文件的 fopen()和 fclose(函数),用于函数的字符读写的 fgetc()和 fputc()函数,用于打开和关闭文件的 fopen()和 fclose()函数,用于文件的字符读写的 fgetc()和 fputc()函数,用于文件的数据块读写的 fread()和 fwrite()函数,用于文件的字符串读写的 fgets()和 fputs()函数,用于文件随机读写定位的 fseek()和 rewind()函数,用于文件结束状态测试的 feof()函数。

附　录

附录1　常用字符与 ASCII 代码对照表

ASCII值	字符	控制字符	ASCII值	字符	ASCII值	字符	ASCII值	字符	ASCII值	字符	ASCII值	字符	ASCII值	字符	ASCII值	字符
000	null	NUL	032	(space)	064	@	096	`	128	Ç	160	á	192	└	224	α
001	☺	SOH	033	!	065	A	097	a	129	Ü	161	í	193	┴	225	β
002	☻	STX	034	"	066	B	098	b	130	é	162	ó	194	┬	226	Γ
003	♥	ETX	035	#	067	C	099	c	131	â	163	ú	195	├	227	π
004	♦	EOT	036	$	068	D	100	d	132	ä	164	ñ	196	─	228	Σ
005	♣	END	037	%	069	E	101	e	133	à	165	Ñ	197	┼	229	σ
006	♠	ACK	038	&	070	F	102	f	134	å	166	ª	198	╞	230	µ
007	beep	BEL	039	'	071	G	103	g	135	ç	167	º	199	╟	231	τ
008	backspace	BS	040	(	072	H	104	h	136	ê	168	¿	200	╚	232	Φ
009	tab	HT	041	)	073	I	105	i	137	ë	169	⌐	201	╔	233	θ
010	换行	LF	042	*	074	J	106	j	138	è	170	¬	202	╩	234	Ω
011	♂	VT	043	+	075	K	107	k	139	ï	171	½	203	╦	235	δ
012	♀	FF	044	,	076	L	108	l	140	î	172	¼	204	╠	236	∞
013	回车	CR	045	-	077	M	109	m	141	ì	173	¡	205	═	237	ø
014	♫	SO	046	.	078	N	110	n	142	Ä	174	«	206	╬	238	∈
015	☼	SI	047	/	079	O	111	o	143	Å	175	»	207	╧	239	∩

续表

ASCII值	字符	控制字符	ASCII值	字符	ASCII值	字符	ASCII值	字符	ASCII值	字符	ASCII值	字符	ASCII值	字符	ASCII值	字符
016	▲	DLE	048	0	080	P	112	p	144	É	176	░	208	╨	240	≡
017	▼	DC1	049	1	081	Q	113	q	145	æ	177	▒	209	╤	241	±
018	↕	DC2	050	2	082	R	114	r	146	Æ	178	▓	210	╥	242	≥
019	‼	DC3	051	3	083	S	115	s	147	ô	179	│	211	╙	243	≤
020	¶	DC4	052	4	084	T	116	t	148	ö	180	┤	212	╘	244	⌠
021	§	NAK	053	5	085	U	117	u	149	ò	181	╡	213	╒	245	⌡
022	▬	SYN	054	6	086	V	118	v	150	û	182	╢	214	╓	246	÷
023	↨	ETB	055	7	087	W	119	w	151	ù	183	╖	215	╫	247	≈
024	↑	CAN	056	8	088	X	120	x	152	ÿ	184	╕	216	╪	248	°
025	↓	EM	057	9	089	Y	121	y	153	ö	185	╣	217	┘	249	∙
026	→	SUB	058	:	090	Z	122	z	154	Ü	186	║	218	┌	250	·
027	←	ESC	059	;	091	[	123	{	155	¢	187	╗	219	█	251	√
028	∟	FS	060	<	092	\	124	¦	156	£	188	╝	220	▄	252	ⁿ
029	↔	GS	061	=	093	]	125	}	157	¥	189	╜	221	▌	253	²
030	▲	RS	062	>	094	^	126	~	158	₧	190	╛	222	▐	254	■
031	▼	US	063	?	095	_	127	⌂	159	ƒ	191	┐	223	▀	255	Bla

注:128~255 是 IBM—PC(长城 0520)上专用的,表中 000~127 是标准的。

附录2　关键字及其用途

关键字	说　明	用　途
char	一个字节长的字符值	数据类型
short	短整数	
int	整数	
unsigned	无符号类型，最高位不作符号位	
long	长整数	
float	单精度实数	
double	双精度实数	
struct	用于定义结构体的关键字	
union	用于定义共用体的关键字	
void	空类型，用它定义的对象不具有任何值	
enum	定义枚举类型的关键字	
signed	有符号类型，最高位作符号位	
const	表明这个量在程序执行过程中不可变	
volatile	表明这个量在程序执行过程中可被隐含地改变	
typedef	用于定义同义数据类型	存储类别
auto	自动变量	
register	寄存器类型	
static	静态变量	
extern	外部变量声明	
break	退出最内层的循环或 switch 语句	流程控制
case	switch 语句中的情况选择	
continue	跳到下一轮循环	
default	switch 语句中其余情况标号	
do	在 do—while 循环中的循环起始标记	
else	if 语句中的另一种选择	
for	带有初值、测试和增量的一种循环	
goto	转移到标号指定的地方	
if	语句的条件执行	
return	返回到调用函数	
switch	从所有列出的动作中作出选择	
while	在 while 和 do—while 循环中语句的条件执行	
sizeof	计算表达式和类型的字节数	运算符

附录3　运算符的优先级和结合方向

优先级	运算符	运算符功能	运算类型	结合方向
最高15	::	域运算符		自左至右
	()	圆括号、函数参数表		
	〔　〕	数组元素下标		
	—>	指向结构体成员		
	.	结构体成员		
14	!	逻辑非	单目运算	自右至左
	~	按位取反		
	++、——	自增1、自减1		
	+	求正		
	—	求负		
	*	间接运算符		
	&	求地址运算符		
	（类型名）	强制类型转换		
	sizeof	求所占字节数		
13	*、/、%	乘、除、整数求余	双目运算符	自左至右
12	+、—	加、减	双目运算符	自左至右
11	<<、>>	左移、右移	移位运算	自左至右
10	<、<=	小于、小于或等于	关系运算	自左至右
	>、>=	大于、大于或等于		
9	==、!=	等于、不等于	关系运算	自左至右
8	&	按位与	位运算	自左至右
7	^	按位异或	位运算	自左至右
6	|	按位或	位运算	自左至右
5	&&	逻辑与	逻辑运算	自左至右
4	||	逻辑或	逻辑运算	自左至右
3	?:	条件运算	三目运算	自右至左
2	=、+=、—=、*=	赋值、运算且赋值	双目运算	自右至左
	/=、%=、&=、^=			
	|=、<<=、>>=			
最低1	,	逗号运算	顺序运算	自左至右

附录 4　C 语言常用语法提要

下面给出 C 语言语法中常用的部分的提要。为便于理解没有采用严格的语法定义形式，以供读者查阅、参考。

4.1　标识符

可由字母、数字和下划线组成。标识符必须以字母或下划线开头。大、小写的字母分别认为是两个不同的字符。不同系统对标识符的字符数有不同的规定，一般允许 8 个字符。

4.2　常量

可以使用：

(1)整型常量：十进制常数；八进制常数（以 0 开头的数字序列）；十六进制常数（以 0x 开头的数字序列）；长整型常数（在数字后加字符 L 或 l）。

(2)字符常量：用单撇号括起来的一个字符，可以使用转义字符。

(3)实型常量（浮点型常量）：小数形式；指数形式。

(4)字符串常量：用双撇号括起来的字符序列。

4.3　表达式

(1)算术表达式：

①整型表达式。参加运算的运算量是整型量，结果也是整型量。

②实型表达式。参加运算的运算量是实型量，运算过程中先转换成 double 型，结果为 double 型。

(2)逻辑表达式：用逻辑运算符连接的整型量，结果值为一个整数（0 或 1）。逻辑表达式可以认为是整型表达式的一种特殊形式。

(3)字位表达式：用位运算符连接的整型量，结果值为整数。字符表达也可以认为是整型表达式的一种特殊形式。

(4)强制类转换表达式：用"（类型）"运算符使表达式的类型进行强制转换。如(float)a。

(5)逗号表达式。一般形式为：表达式 1，表达式 2，…，表达式 n 顺序求表达式 1，表达式 2，…，表达式 n 的值。结果为表达式 n 的值。

(6)赋值表达式：将赋值号"＝"右边表达式的值赋给赋值号"＝"左边的变量，赋值表达式的值为执行赋值后被赋值的变量的值。

(7)条件表达式。一般形式为：

逻辑表达式? 表达式 1:表达式 2

逻辑表达式的值若为非零，则条件表达式的值等于表达式 1 的值；若逻辑表达式的值为零，则条件表达式的值等于表达式 2 的值。

(8)指针表达式：对指针类型的数据进行运算。例如，p－2、p1－p2、&a 等（其中 P、p1、p2

均已定义为指针变量),结果为指针类型。

　　以上各种表达式可以包含有关的运算符,也可以不包含任何的运算符的初等量(例如,常数是算术表达式的最简单的形式)。

4.4　数据定义

对程序中用到的所有变量都需要进行说明。对数据要说明其数据类型,需要时还要指定其存储类别。

　　(1)类型标识符可用:

　　　int

　　　short

　　　long

　　　unsigned

　　　char

　　　float

　　　double

　　　struct　结构类型名

　　　union　　联合类型名用

　　　typedef 定义的类型名

　　　(若省略数据类型,则按 int 处理)

　　　结构类型与联合类型的定义形式为:

　　　struct　结构类型名

　　　{成员项表列};

　　　union　联合类型名

　　　{成员项表列};

　　　用 typedef 定义新类型名的形式为:

　　　typedef　已有类型　新定义类型;如:typedef int COUNT;

　　(2)存储类别可用:

　　　auto

　　　static

　　　register

　　　extern

　　(若不指定存储类别,则按 auto 处理)变量的说明形式为:

　　　存储类别　数据类型　变量表列

　　例如:

　　　static float a,b,c

　　注意:外部数据定义只能用 extern 或 static,而不能用 auto 或 register。

4.5　函数定义

函数定义的形式为：

存储类别　数据类型　函数名（形式参数表列）

形式参数说明；

函数体

函数的存储类别只能用 extem 或 static。函数体是用花括弧括起来的，可包括数据说明和语句。函数的定义举例如下：

```
static int max(x,y) int x,y
{
    int z；
    z=x>y? x:y；
    return(z)；
}
```

4.6　变量的初始化

可以在说明时对变量或数组指定初始值。

静态变量或外部变量如未初始化，则系统自动使其初值为零（对数值型变量）或空（对字符型变量）。对自动变量或寄存器变量，若未初始化，则其初值为一不可预测的数据。

只有静态或外部数组才能初始化。例如：

```
static int array[4][2]={{1,2},{3,41},{5,6},{7,81}；
```

或

```
static int array[4][2]={1,2,3,4,5,6,7,8}；
```

4.7　语句

(1)表达式语句；

(2)函数调用语句；

(3)控制语句；

(4)复合语句；

(5)空语句。

其中控制语句包括：

(1)if(表达式)语句

或

if(表达式)语句1

　　else 语句2

(2)while(表达式)语句

(3)do 语句

while(表达式)；

(4)for(表达式 1；表达式 2；表达式 3)句

语句

(5)switch(表达式)

{case 常量表达式 1：语句 1；

case 常量表边式 2：语句 2；

case 常量表达式 n；语句 n；

default：语句 n+1；

}

前缀 case 和 default 本身并不改变控制流程,它们只起标号作用,在执行上一个 case 所标志的语句后,继续顺序执行下一个 case 所标志的语句,除非上一个语句中最后用 break 语句控制转出 switch 结构。

(6)break 语句

(7)continue 语句

(8)return 语句

(9)goto(语句)

4.8　预处理命令

＃define 宏名 字符串

＃define 宏名(参数 1,参数 2,……,参数 n)字符串

＃undef 宏名

＃include "文件名"(或＜文件名＞)

＃if 常量表达式

＃ifdef 宏名

＃ifndef 宏名

＃else

＃endif

附录5　C库函数

关于C库函数的说明如下：

（1）库函数并不是C语言的一部分。人们可以根据需要自己编写出所需的函数。为了用户使用方便，每一种C语言编译版本都提供一批由厂家开发编写的函数，放在一个库中，这就是函数库。函数库中的函数称为库函数。应当注意，每一种C版本提供的库函数的数量、函数名、函数功能是不相同的。因此，在使用时应查阅本系统是否提供所用到的函数。ANSI C以现行的各种编译系统所提供的库函数为基础，提出了一批建议使用的库函数，希望各编译系统提供这些函数，并使用统一的函数名和实现一致的函数功能。但由于历史原因，目前有些C编译系统还未能完全提供ANSI C所建议提供的函数，而有一些ANSI C建议中不包括的函数，在一些C编译系统中仍在使用。本附录主要介绍ANSI C建议的库函数，由于篇幅所限，只列出常用的一些函数，还有一些函数（如图形函数）虽然也有用，但它是非标准的与机器本身密切相关，故不列出。

（2）在使用函数时，往往要用到函数执行时所需的一些信息，例如宏定义，这些信息分别包含在一些头文件（header file）中。因此，在使用库函数时，一般应该用♯include命令将有关的头文件包括到程序中。例如，用数学函数时应用下面的命令：

　　　　♯include "math. h"

　　　　♯include <math. h>

二者区别是：用<math. h>形式编译时只在目标文件所在子目录中找math. h文件；而用"math. h"形式则编译系统先从目标文件所在目录中找math. h文件，否则到一级目录中找。

（3）在一些系统中，有一些函数实际上是被定义了的宏名。例如，putchar就是宏名。

　　　　♯define putchar(c)fputc(c,stdout)

又例如，abs函数也是宏名。

　　　　♯define abs(i)(i<0)？ =i；i

但对用户来说，不必严格区分函数名和宏名；可以把它们都看作函数名来使用。

（4）在下面的表中，对函数模型采取了传统风格的表示形式，即将函数形式参数单独写成一行。例如：

　　double acos(X)

　　double x；

表示函数acos用到的形式参数是double型，函数的返回值也是double型。如果用现代风格的表示形式，则为：

　　double acos(double x)

之所以采用传统风格表示，是因为这些函数都是前几年编写的，它们多是用传统风格写的。这里列出的是它们的原型。

1．数学函数

调用数学函数时，要求在源文件中包含头文件"math. h"，即使用以下命令行：

♯include ＜math. h＞或 include "math. h"

函数名	函数原型说明	功　能	返回值	说　明
abs	Int abs (int x)；	求整数 x 的绝对值。	计算结果	
acos	double acos (double x)；	计算 $\cos^{-1}(x)$ 的值。	计算结果	x 在 −1～1 范围内
asin	double asin (double x)；	计算 $\sin^{-1}(x)$ 的值。	计算结果	x 在 −1～1 范围内
atan	double atan (double x)；	计算 $\tan^{-1}(x)$ 的值。	计算结果	
atan2	double atan2 (double x)；	计算 $\tan^{-1}(x/y)$ 的值。	计算结果	
cos	double cos (double x)；	计算 cos (x) 的值。	计算结果	x 的单位为弧度
cosh	double cosh (double x)；	计算双曲余弦 cosh (x) 的值。	计算结果	
exp	double exp (double x)；	计算 e^x 的值。	计算结果	
fabs	double fabs(double x)；	求 x 的绝对值。	计算结果	
floor	double floor (double x)；	求不大于 x 最大整数。	该整数的双精度数。	
fmod	Double fmod (double x, double y)；	求整除 x/y 的余数。	余数的双精度数。	
frexp	Double frexp (double val, int ∗ eptr)；	把双精度数 val 分解尾数 x 和以 2 为底的指数 n，即 val ＝x ∗ 2^n，n 存放在 eptr 所指向的变量中。	返回尾数 x 0.5≤x＜1	
log	double log (double x)；	求 $\log_e x$，即 ln x。	计算结果	
log10	double log10 (double x)；	求 $\log_{10} x$。	计算结果	
modf	double modf (double val, double ∗ iptr)；	把双精度数 val 分解成整数部分和小数部分，整数部分存放在 iptr 所指的单元。	Val 的小数部分	
pow	Double pow (double x, double y)；	计算 x^y 的值。	计算结果	
rand	Int rand(void)	产生 −90～32767 间的随机整数	随机整数	
sin	double sin (double x)；	计算 sin (x) 的值。	计算结果	x 的单位为弧度
sinh	double sinh (double x)；	计算 x 的双曲正弦函数 sinh (x) 的值。	计算结果	
sqrt	double sqrt (double x)；	计算 x 的平方根。	计算结果	x≥0
tan	double tan (double x)；	计算 tan (x) 的值。	计算结果	x 的单位为弧度
tanh	double tanh	计算 x 的双曲正切函数 tanh (x) 的值	计算结果	

2.字符函数和字符串函数

调用字符函数时,要求在源文件中包含头文件"ctype. h";调用字符串函数时,要求在源文件中包含头文件"string. h"。

函数名	函数原型说明	功　能	返回值	包含文件
isalnum	int isalnum(int ch);	检查 ch 是否为字母或数字	是,返回1;否则返回0	ctype. h
isalpha	int isalpha(int ch);	检查 ch 是否为字母	是,返回1;否则返回0	ctype. h
iscntrl	int iscntrl(int ch);	检查 ch 是否为控制字符	是,返回1;否则返回0	ctype. h
isdigit	int isdigit(int ch);	检查 ch 是否为数字	是,返回1;否则返回0	ctype. h
isgraph	int isgraph(int ch);	检查 ch 是否为(ASCII 码值在 ox21 到 ox7e)的可打印字符(即不包含空格字符)	是,返回1;否则返回0	ctype. h
islower	int islower(int ch);	检查 ch 是否为小写字母	是,返回1;否则返回0	ctype. h
isprint	int isprint(int ch);	检查 ch 是否为字母或数字	是,返回1;否则返回0	ctype. h
ispunct	int ispunct(int ch);	检查 ch 是否为标点字符(包括空格),即除字母、数字和空格以外的所有可打印字符。	是,返回1;否则返回0	ctype. h
isspace	int isspace(int ch);	检查 ch 是否为空格、制表或换行字符	是,返回1;否则返回0	ctype. h
isupper	int isupper(int ch);	检查 ch 是否为大写字母	是,返回1;否则返回0	ctype. h
isxdigit	int isxdigit(int ch);	检查 ch 是否为 16 进制数字	是,返回1;否则返回0	ctype. h
strcat	char * strcat(char * s1,char * s2);	把字符串 s2 接到 s1 后面	s1 所指地址	string. h
strchr	char * strchr(char * s,int ch);	在 s 把指字符串中,找出第一次出现字符 ch 的位置	返回找到的字符的地址,找不到返回 NULL	string. h
strcmp	char * strcmp (char * s1,char * s2);	对 s1 和 s2 所指字符串进行比较	s1<s2,返回负数,s1=s2,返回 0,s1>s2,返回正数。	string. h
strcpy	char * strcpy(char * s1,char * s2);	把 s2 指向的串复制到 s1 指向的空间	s1 所指地址	string. h
strlen	unsigned strlen (char * s);	求字符串 s 的长度	返回串中字符(不计最后的'\0')个数	string. h
strstr	char * strstr(char * s1,char * s2);	在 s1 所指字符串中,找到字符串 s2 第一次出现的位置	返回找到的字符串的地址,找不到返回 NULL	string. h

函数名	函数原型说明	功　能	返回值	包含文件
tolower	int tolower(int ch);	把 ch 中的字母转换成小写字母	返回对应的小写字母	ctype. h
toupper	int toupper(int ch);	把 ch 中的字母转换成大写字母	返回对应的大写字母	

3.输入输出函数

调用输入输出函数时,要求在源文件中包含头文件"stdio. h"

函数名	函数原型说明	功　能	返回值	说　明
clear-err	void clearer (FILE ＊ fp);	清除与文件指针 fp 有关的所有出错信息。	无。	
close	int close(int fp);	关闭文件。	关闭成功返回 0,不成功返回－1。	非 ANSI 标准函数。
creat	int creat (char ＊ filename,int mode);	以 mode 所指定的方式建立文件。	成功则返回正数,否则返回－1。	非 ANSI 标准函数。
eof	Inteof (int fd);	检查文件是否结束。	遇文件结束,返回 1;否则返回 0。	非 ANSI 标准函数。
fclose	int fclose(FILE ＊ fp);	关闭 fp 所指的文件,释放文件缓冲区	出错返回非 0,否则返回 0。	
feof	int feof(FILE ＊ fp);	检查文件是否结束	遇文件结束返回非 0,否则返回 0。	
fgetc	int fgetc(FILE ＊ fp);	从 fp 所指的文件中取得下一个字符	出错返回 EOF,否则返回所读字符。	
fgets	char ＊ fgets (char ＊ buf, int n, file ＊ fp);	从 fp 所指的文件中读取一个长度为 n－1 的字符串,将其存入 buf 所指存储区	返回 buf 所指地址,若遇文件结束或出错返回 NULL。	
fopen	FILE ＊ fopen (char ＊ filename, char ＊ mode);	以 mode 指定的方式打开名为 filename 的文件	成功,返回文件指针(文件信息区的起始地址),否则返回 NULL。	
fprintf	int fprintf (FILE ＊ fp, char ＊ format, args, …);	把 arg,…的值以 format 指定的格式输出到 fp 所指定的文件中	实际输出的字符数。	
fputc	int fputc (char ch,FILE ＊ fp);	把 ch 中字符输出到 fp 所指文件	成功返回该字符,否则返回 EOF。	

续表

函数名	函数原型说明	功　能	返回值	说　明
fputs	int fputs (char ＊ str, FILE ＊ fp);	把 str 所指字符串输出到 fp 所指文件	成功返回非 0,否则返回 0。	
fread	int fread(char ＊ pt, un-signed size, unsigned n, FILE ＊ fp);	从 fg 所指文件中读取长度为 size 的 n 个数据项存到 pt 所指文件中	读取的数据项个数。	
fscanf	int fscanf (FILE ＊ fp, char ＊ format, args, …);	从 fg 所指定的文件中按 format 指定的格式把输入数据存入到 args,…所指的内存中	已输入的数据个数,遇文件的结束或出错返回 0。	
fseek	int fseek (FILE ＊ fp, long offer, int base);	移动 fp 所指文件的位置指针	成功返回当前位置,否则返回－1。	
ftell	int ftell(FILE ＊ fp);	求出 fp 所指文件当前的读写位置	读写位置。	
fwrite	int fwrite(char ＊ pt, un-signed size, unsigned n, FILE ＊ fp);	把 pt 所指向的 n ＊ size 个字节输出到 fp 所指文件中	输出的数据项个数。	
getc	int getc(FILE ＊ fp);	从 fp 所指文件中读取一个字符	返回所读字符,若出错或文件结束返回 EOF。	
get-char	int getchar(void);	从标准输入设备读取下一个字符。	返回所读字符,若出错或文件结束返回－1。	
getw	int getw (FILE ＊ fp);	从 fp 所指向的文件读取下一个字(整数)。	输入的整数。如文件结束或出错,返回－1。	非 ANSI 标准函数。
open	Int open (char ＊ filename,int mode);	以 mode 指出的方式打开已存在的名为 filename 的文件。	返回文件号(正数)。如打开失败,返回－1。	非 ANSI 标准函数。
printf	int printf (char ＊ for-mat,args,…);	按 format 指向的格式字符串所规定的格式,将输出表列 args 的值输出到标准输出设备。	输出字符个数。若出错,返回负值。	format 可以是一个字符串,或字符数组的起始地址。

函数名	函数原型说明	功　能	返回值	说　明
putc	int putc(int ch, FILE * fp);	同 fputc	同 fputc	
putcahr	int putcahr(char ch);	把 ch 输出到标准输出设备	返回输出的字符,若出错,返回 EOF。	
puts	int puts(char * str);	把 str 所指字符串输出到标准设备,将 '\0' 转换成回车换行符	返回换行符,若出错,返回 EOF。	
putw	int putw (int w, FILE * fp);	将一个整数 w(即一个字)写到 fp 指向的文件中。	返回输出的整数,若出错,返回 EOF。	非 ANSI 标准函数。
read	int read (int fp, char * buf, unsigned count);	从文件号 fp 所指示的文件中读 count 个字节到由 buf 指示的缓冲区中。	返回真正读入的字节个数。如遇文件结束返回 0,出错返回—1。	非 ANSI 标准函数。
rename	int rename (char * oldname, char * newname);	把 oldname 所指文件名改为 newname 所指文件名。	成功返回 0,出错返回—1。	
rewind	void rewind (FILE * fg);	将 fp 指示的文件位置指针置于文件开头,并清除文件结束标志和错误标志。	无。	
scanf	int scanf (char * format, args, …);	从标准输入设备按 format 指定的格式把输入数据存入到 args,… 所指的内存中。	读入并赋给 args 的数据个数。遇文件结束返回 EOF,出错返回 0。	args 为指针。
write	int write (int fd, char * buf, unsigned count);	从 buf 指示的缓冲区输出 count 个字符到 fd 所标志的文件中。	返回实际输出的字节数。如出错返回—1。	非 ANSI 标准函数。

4．动态分配函数和随机函数

调用动态分配函数和随机函数时，要求在源文件中包含头文件"stdlib. h"

函数名	函数原型说明	功　　能	返回值
calloc	void ＊ calloc(unsigned n, un-signed size)；	分配 n 个数据项的内存空间，每个数据项的大小为 size 个字节。	分配内存单元的起始地址；如不成功，返回 0。
free	void free(void p)；	释放 p 所指的内存区。	无
malloc	void ＊ malloc（unsigned size)；	分配 size 个字节的存储空间。	分配内存空间的地址；如不成功返回 0。
realloc	void ＊ realloc(void ＊ p, un-signed size)；	把 p 所指内存区的大小改为 size 个字节。	新分配内存空间的地址；如不成功返回 0。
rand	int rand(void)；	产生 0 到 32767 随机数。	返回一个随机整数。

附录 6　TurboC 2.0 编译错误信息

说明：Turbo C 的源程序错误分为三种类型：致命错误、一般错误和警告。其中，致命错误通常是内部编译出错；一般错误指程序的语法错误、磁盘或内存存取错误或命令行错误等；警告则只是指出一些得怀疑的情况，它并不防止编译的进行。

下面按字母顺序 A～Z 分别列出致命错误及一般错误信息，英汉对照及处理方法：

1、致命错误英汉对照及处理方法：

A－B 致命错误

Bad call of in－line function（内部函数非法调用）

分析与处理：在使用一个宏定义的内部函数时，没能正确调用。一个内部函数以两个下划线（_____）开始和结束。

Irreducable expression tree（不可约表达式树）

分析与处理：这种错误指的是文件行中的表达式太复杂，使得代码生成程序无法为它生成代码。这种表达式必须避免使用。

Register allocation failure（存储器分配失败）

分析与处理：这种错误指的是文件行中的表达式太复杂，代码生成程序无法为它生成代码。此时应简化这种繁杂的表达式或干脆避免使用它。

2、一般错误信息英汉照及处理方法

＃operator not followed by maco argument name（＃运算符后没跟宏变元名）

分析与处理：在宏定义中，＃用于标识一宏变串。"＃"号后必须跟一个宏变元名。

'xxxxxx' not anargument（"xxxxxx"不是函数参数）

分析与处理：在源程序中将该标识符定义为一个函数参数，但此标识符没有在函数中出现。

Ambiguous symbol 'xxxxxx'（二义性符号"xxxxxx"）

分析与处理:两个或多个结构的某一域名相同,但具有的偏移、类型不同。在变量或表达式中引用该域而未带结构名时,会产生二义性,此时需修改某个域名或在引用时加上结构名。

Argument ♯ missing name(参数♯名丢失)

分析与处理:参数名已脱离用于定义函数的函数原型。如果函数以原型定义,该函数必须包含所有的参数名。

Argument list syntax error(参数表出现语法错误)

分析与处理:函数调用的参数间必须以逗号隔开,并以一个右括号结束。若源文件中含有一个其后不是逗号也不是右括号的参数,则出错。

Array bounds missing(数组的界限符"]"丢失)

分析与处理:在源文件中定义了一个数组,但此数组没有以下右方括号结束。

Array size too large(数组太大)

分析与处理:定义的数组太大,超过了可用内存空间。

Assembler statement too long(汇编语句太长)

分析与处理:内部汇编语句最长不能超过 480 字节。

Bad configuration file(配置文件不正确)

分析与处理:TURBOC. CFG 配置文件中包含的不是合适命令行选择项的非注解文字。配置文件命令选择项必须以一个短横线开始。

Bad file name format in include directive(包含指令中文件名格式不正确)

分析与处理:包含文件名必须用引号("filename. h")或尖括号(<文件名>)括起来,否则将产生本类错误。如果使用了宏,则产生的扩展文本也不正确,因为无引号没办法识别。

Bad ifdef directive syntax(ifdef 指令语法错误)

分析与处理:♯ifdef 必须以单个标识符(只此一个)作为该指令的体。

Bad ifndef directive syntax(ifndef 指令语法错误)

分析与处理:♯ifndef 必须以单个标识符(只此一个)作为该指令的体。

Bad undef directive syntax(undef 指令语法错误)

分析与处理:♯undef 指令必须以单个标识符(只此一个)作为该指令的体。

Bad file size syntax(位字段长语法错误)

分析与处理:一个位字段长必须是 1—16 位的常量表达式。

Call of non-functin(调用未定义函数)

分析与处理:正被调用的函数无定义,通常是由于不正确的函数声明或函数名拼错而造成。

Cannot modify a const object(不能修改一个长量对象)

分析与处理:对定义为常量的对象进行不合法操作(如常量赋值)引起本错误。

Case outside of switch(Case 出现在 switch 外)

分析与处理:编译程序发现 Case 语句出现在 switch 语句之外,这类故障通常是由于括号不匹配造成的。

Case statement missing（Case 语句漏掉）

分析与处理：Case 语必须包含一个以冒号结束的常量表达式,如果漏了冒号或在冒号前多了其他符号,则会出现此类错误。

Character constant too long（字符常量太长）

分析与处理：字符常量的长度通常只能是一个或两个字符长,超过此长度则会出现这种错误。

Compound statement missing（漏掉复合语句）

分析与处理：编译程序扫描到源文件未时,未发现结束符号（大括号）,此类故障通常是由于大括号不匹配所致。

Conflicting type modifiers（类型修饰符冲突）

分析与处理：对同一指针,只能指定一种变址修饰符（如 near 或 far）;而对于同一函数,也只能给出一种语言修饰符（如 Cdecl、pascal 或 interrupt）。

Constant expression required（需要常量表达式）

分析与处理：数组的大小必须是常量,本错误通常是由于 ♯ define 常量的拼写错误引起。

Could not find file 'xxxxxx. xxx'（找不到"xxxxxx. xx"文件）

分析与处理：编译程序找不到命令行上给出的文件。

Declaration missing（漏掉了说明）

分析与处理：当源文件中包含了一个 struct 或 union 域声明,而后面漏掉了分号,则会出现此类错误。

Declaration needs type or storage class（说明必须给出类型或存储类）

分析与处理：正确的变量说明必须指出变量类型,否则会出现此类错误。

Declaration syntax error（说明出现语法错误）

分析与处理：在源文件中,若某个说明丢失了某些符号或输入多余的符号,则会出现此类错误。

Default outside of switch（Default 语句在 switch 语句外出现）

分析与处理：这类错误通常是由于括号不匹配引起的。

Define directive needs an identifier（Define 指令必须有一个标识符）

分析与处理：♯define 后面的第一个非空格符必须是一个标识符,若该位置出现其他字符,则会引起此类错误。

Division by zero（除数为零）

分析与处理：当源文件的常量表达式出现除数为零的情况,则会造成此类错误。

Do statement must have while（do 语句中必须有 While 关键字）

分析与处理：若源文件中包含了一个无 While 关键字的 do 语句,则出现本错误。

Do while statement missing（（Do while 语句中漏掉了符号"（"）

分析与处理：在 do 语句中,若 while 关键字后无左括号,则出现本错误。

Do while statement missing;（Do while 语句中掉了分号）

分析与处理:在 Do 语句的条件表达式中,若右括号后面无分号则出现此类错误。

Duplicate Case（Case 情况不唯一）

分析与处理:Switch 语句的每个 case 必须有一个唯一的常量表达式值。否则导致此类错误发生。

Enum syntax error（Enum 语法错误）

分析与处理:若 enum 说明的标识符表格式不对,将会引起此类错误发生。

Enumeration constant syntax error（枚举常量语法错误）

分析与处理:若赋给 enum 类型变量的表达式值不为常量,则会导致此类错误发生。

Error Directive ：xxxx（Error 指令：xxxx）

分析与处理:源文件处理♯error 指令时,显示该指令指出的信息。

Error Writing output file（写输出文件错误）

分析与处理:这类错误通常是由于磁盘空间已满,无法进行写入操作而造成。

Expression syntax error（表达式语法错误）

分析与处理:本错误通常是由于出现两个连续的操作符,括号不匹配或缺少括号、前一语句漏掉了分号引起的。

Extra parameter in call（调用时出现多余参数）

分析与处理:本错误是由于调用函数时,其实际参数个数多于函数定义中的参数个数所致。

Extra parameter in call to xxxxxx（调用 xxxxxxxx 函数时出现了多余参数）

File name too long（文件名太长）

分析与处理:♯include 指令给出的文件名太长,致使编译程序无法处理,则会出现此类错误。通常 DOS 下的文件名长度不能超过 64 个字符。

For statement missing ）（For 语名缺少")"）

分析与处理:在 for 语句中,如果控制表达式后缺少右括号,则会出现此类错误。

For statement missing（（For 语句缺少"("）

For statement missing；（For 语句缺少"；"）

分析与处理:在 for 语句中,当某个表达式后缺少分号,则会出现此类错误。

Function call missing）（函数调用缺少")"）

分析与处理:如果函数调用的参数表漏掉了右手括号或括号不匹配,则会出现此类错误。

Function definition out ofplace（函数定义位置错误）

Function doesn't take a variable number of argument（函数不接受可变的参数个数）

Goto statement missing label（Goto 语句缺少标号）

If statement missing（（If 语句缺少"("）

If statement missing）（If 语句缺少")"）

lllegal initalization（非法初始化）

lllegal octal digit（非法八进制数）

分析与处理:此类错误通常是由于八进制常数中包含了非八进制数字所致。

lllegal pointer subtraction（非法指针相减）

lllegal structure operation（非法结构操作）

lllegal use of floating point（浮点运算非法）

lllegal use of pointer（指针使用非法）

Improper use of a typedef symbol（typedef 符号使用不当）

Incompatible storage class（不相容的存储类型）

Incompatible type conversion（不相容的类型转换）

Incorrect commadn line argument:xxxxxx（不正确的命令行参数:xxxxxx）

Incorrect commadn file argument:xxxxxx（不正确的配置文件参数:xxxxxx）

Incorrect number format（不正确的数据格式）

Incorrect use of default（deflult 不正确使用）

Initializer syntax error（初始化语法错误）

Invaild indrection（无效的间接运算）

Invalid macro argument separator（无效的宏参数分隔符）

Invalid pointer addition（无效的指针相加）

Invalid use of dot（点使用错）

Macro argument syntax error（宏参数语法错误）

Macro expansion too long（宏扩展太长）

Mismatch number of parameters in definition（定义中参数个数不匹配）

Misplaced break（break 位置错误）

Misplaced continue（位置错）

Misplaced decimal point（十进制小数点位置错）

Misplaced else（else 位置错）

Misplaced else driective（clse 指令位置错）

Misplaced endif directive（endif 指令位置错）

Must be addressable（必须是可编址的）

Must take address of memory location（必须是内存一地址）

No file name ending（无文件终止符）

No file names given（未给出文件名）

Non－protable pointer assignment（对不可移植的指针赋值）

Non－protable pointer comparison（不可移植的指针比较）

Non－protable return type conversion（不可移植的返回类型转换）

Not an allowed type（不允许的类型）

Out of memory（内存不够）

Pointer required on left side of（操作符左边须是一指针）

Redeclaration of 'xxxxxx'（"xxxxxx"重定义）

Size of structure or array not known（结构或数组大小不定）

Statement missing；（语句缺少";"）

Structure or union syntax error（结构或联合语法错误）

Structure size too large（结构太大）

Subscription missing ］（下标缺少"]"）

Switch statement missing （（switch 语句缺少"("）

Switch statement missing ）（switch 语句缺少")"）

Too few parameters in call（函数调用参数太少）

Too few parameter in call to'xxxxxx'（调用"xxxxxx"时参数太少）

Too many cases（Cases 太多）

Too many decimal points（十进制小数点太多）

Too many default cases（defaut 太多）

Too many exponents（阶码太多）

Too many initializers（初始化太多）

Too many storage classes in declaration（说明中存储类太多）

Too many types in decleration（说明中类型太多）

Too much auto memory in function（函数中自动存储太多）

Too much global define in file（文件中定义的全局数据太多）

Two consecutive dots（两个连续点）

Type mismatch in parameter ♯（参数"♯"类型不匹配）

Type mismatch in parameter ♯ in call to 'xxxxxxx'（调用"xxxxxxx"时参数♯类型不匹配）

Type missmatch in parameter 'xxxxxxx'（参数"xxxxxxx"类型不匹配）

Type mismatch in parameter 'yyyyyyyy' in call to 'yyyyyyyy'（调用"yyyyyyy"时参数"xxxxxxx"数型不匹配）

Type mismatch in redeclaration of 'XXX'（重定义类型不匹配）

Unable to creat output file 'xxxxxxxx. xxx'（不能创建输出文件"xxxxxxxx. xxx"）

Unable to create turboc. lnk（不能创建 turboc. lnk ）

Unable to execute command 'xxxxxxxx'（不能执行"xxxxxxxx"命令）

Unable to open include file 'xxxxxxx. xxx'（不能打开包含文件"xxxxxxx. xxx"）

Unable to open inputfile 'xxxxxxx. xxx'（不能打开输入文件"xxxxxxx. xxx"）

Undefined label 'xxxxxxx'（标号"xxxxxxx"未定义）

Undefined structure 'xxxxxxx'（结构"xxxxxxx"未定义）

Undefined symbol 'xxxxxxx'（符号"xxxxxxx"未定义）

Unexpected end of file in comment started on line ♯（源文件在某个注释中意外结束）

Unexpected end of file in conditional stated on line ♯（源文件在♯行开始的条件语句中意外结束）

Unknown preprocessor directive 'xxx'（不认识的预处理指令："xxx"）

Untermimated character constant（未终结的字符常量）

Unterminated string（未终结的串）

Unterminated string or character constant（未终结的串或字符常量）

User break（用户中断）

Value required（赋值请求）

While statement missing（（While 语句漏掉"("）

While statement missing)（While 语句漏掉")"）

Wrong number of arguments in of 'xxxxxxxx'（调用"xxxxxxxx"时参数个数错误）

参考文献

1.《C 语言程序设计》主编：王载新，清华大学出版社

2.《C 语言程序设计（第三版）》主编：谭浩强，清华大学出版社

3.《C 语言最新编程技巧 200 例》作者：鲁沐浴，电子工业出版社，1997

4.《C 程序设计实用技巧与程序实例》作者：梁翎，李爱齐，上海科普出版社，1996

5.《Turbo C 程序设计技巧与应用实例》作者：陈国章，天津科学技术出版社，1995